插图版科普读物

郭锐 李军 著

陕西新华出版传媒集团

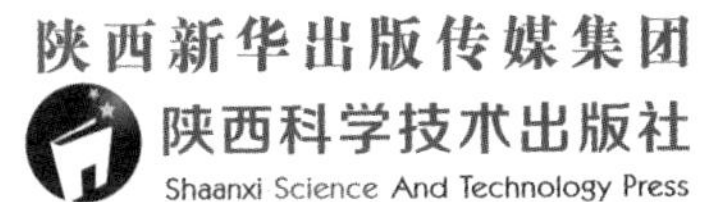

图书在版编目（CIP）数据

航天育种简史 / 郭锐，李军著．-- 西安：陕西科学技术出版社，2016.11

ISBN 978-7-5369-6840-0

Ⅰ．①航… Ⅱ．①郭… ②李… Ⅲ．①航天科技—应用—诱变育种 Ⅳ．① S335.2-39

中国版本图书馆 CIP 数据核字 (2016) 第 277310 号

航天育种简史

出版者　陕西新华出版传媒集团　陕西科学技术出版社
　　　　西安北大街 131 号　邮编 710003
　　　　电话（029）87211894　传真（029）87218236
　　　　http://www.snstp.com
发行者　陕西新华出版传媒集团　陕西科学技术出版社
　　　　电话（029）87212206　（029）87260001
印　刷　陕西龙山海天艺术印务有限公司
规　格　787mm × 1092mm　16 开本
印　张　13.75
字　数　140 千字
版　次　2016 年 11 月第 1 版
　　　　2016 年 11 月第 1 次印刷
书　号　ISBN 978-7-5369-6840-0
定　价　86.00 元

序一

可贵的探索

自1961年加加林首次飞天，世界载人航天已走过了50多年辉煌历程。中国载人航天从1992年立项启动，到目前空间实验室任务顺利推进，已先后把11名航天员送入太空，成就斐然。虽然人类进入太空已不再是什么稀奇的事儿，太空探索也取得了骄人的业绩，但宇宙中还有太多的谜团等待我们去破解，特别是涉及空间生命科学的问题一直是科学工作者关注的热点和焦点。

我们知道，对地球生命来说，太空是个极其危险、难以生存的地方。那里不但远离大气层、温度极低，而且还要时刻面对来自宇宙空间四面八方的高能射线辐射等各种各样的考验。尤其是当航天员需要在太空中长期工作和生活时，比如在空间站从事长期研究，甚至进行奔向月球、火星等以深空探索为目的的长期飞行时，可能会面临什么样的困难？怎样确保其人身安全不受威胁、健康状况保持良好、日常生活顺利维持？当人类最终需要向外星球移民，或者在月球、火星上建立用于科学研究、矿产开采等的永久基地时，生活问题又如何解决？用来满足人类营养和能量需求的地球植物如粮食作物、蔬菜瓜果等，能够在严酷的太空环境和其他星球表面环境中顺利成长吗？

这些问题的提出与解决，便是航天育种科技的最初由来。不过，令世界各发达国家刮目相看的是，中国的航天育种科技和产业竟然后来居上、异军突起，短短几十年便发展到了独步全球的规模、层次和水平。究其原因，主要就是中国政府不但懂得“面向太空”、重视集中力量加快推进航天科技创新发展，而且能够“俯视大地”、重视利用航天科技来解决特殊国情下需要尽快解决的种种现实问题，尤其是中国农业迫切需要从创新改革种业开始、迅速实现整体变革的问题。

这是既有现实意义、又有战略价值的重要决策。也正因为如此，早在1987年8月，我国就利用第九颗返回式科学试验卫星，将一批水稻和青椒等农作物种子搭载上天。2006年9月，中国首颗、也是全球第一颗专门用于航天育种研究的返回式卫星“实践八号”被发射上天。这颗“破天荒”的卫星，一次搭载了粮、棉、油、菜、果、花等9大类2000余份、约215千克的种子，在太空飞行15天后顺利返回地面。事实上，自1987年以来，不仅是返回式卫星，就连“神舟号”系列飞船、“天宫二号”实验室，也都兼有进行航天育种研究的任务，而且每次都有，从未中断。

正是这种不遗余力、持之以恒的努力，才使得中国的航天育种事业始终在伴随着航天科技的发展而发展。但是，与航天员或科研仪器所不同的是，绝大多数种子最终是要落地生长、代代相传的，否则便难以形成系列新品，难以对创新改革中国农业，尤其是现代种业产生应有价值。而种子从返回地面那一刻起，就会有一大批担负地面实验室选育任务的育种专家参与进来；当某种太空种子基本定型、开始进入大田选育阶段以求形成批量育种规模时，又会有更多的各级各类的相关研究人员参与进来；当新品定型、推广应用时，就更是会有遍布全国各地的基层政府工作人员、农业科技推广人员甚至成千上万的农民参与进来。

这就带来一个全新的问题，那就是上述有关人员中，并不是每一位都受过高等教育，尤其是现代农业科技专业训练。当然，不能说让所有的人员都去弄懂航天科技、天文物理，而是应当对航天育种和太空种子、太空植物的基本内容、来龙去脉、潜在价值、重大意义，都能做到心中有数。如果这种“心中有数”能够覆盖到各级各类相关人员，尤其是直接担负太空种子推广应用职责，并且希望通过种植太空植物来促进当地优化农业结构、扩大经济效益、改善生活状况的基层政府和广大农民，那我们的航天育种事业就一定会出现更大的发展，我们的农业就一定会更好地满足需要，甚至我们的土地利用、污染防治、环境改造等，也都会随之进入全新阶段。

要想实现这个目标，就必须有人来做一项工作，那就是科普，就是把高深晦涩的航天和航天育种知识理论、技术原理、研究成果、未来趋势，转化为通俗易懂的内容，再用老少咸宜的方式，尽最大努力去告诉广大民众，让他们理解、掌握和运用。这不论是对航天育种、中国农业本身，还是对提升国民科技素养、文明程度，都是意义深远、势在必行的。

由于科普作品具有“通俗性”，它能够覆盖的范围、起到的作用、产生的效果有时是纯粹意义上的科学研究、科学技术本身所难以达到的。更何况，科普工作的难度实际上并不小，尤其是要把民众平时并不直接接触的某个领域的知识、理论、技术、成果，巧妙地容纳到一部作品中去，通俗地展示给各行各业、各个阶层和各年龄段的读者，让大家一见就想读、一读就能懂，并不是一件容易的事。

从这个意义上讲，这部《航天育种简史》，是一次难能可贵的探索。它没有单就育种讲育种，也没有单就航天讲航天，而是直接从宇宙起源开始讲起，一直讲到中国航天育种的壮阔前景，讲到今后应当在哪些方面加以改进和提高。在此过程中，宇宙起源、物质出现、生命进化、人类发展、农业历史、早期育种、太空环境、射线来源、核爆原理、世界航天、中国航天、基因变异、种子知识、当前成就、未来展望……全都讲得清清楚楚，而且语言幽默而不呆板，内容宽厚而不晦涩，旁征博引，收放自如，同时还配有大量想象与实际相结合的趣味漫画、精美插图，每页插图又是相关篇章文字内容的更大拓展。

我相信，每一位翻开这部《航天育种简史》的读者，都会像我一样，立即感到并不是翻开了一本书，而是推开了一扇窗户。展现在面前的，是既包罗万象，又紧扣主题；既高端大气，又平易近人；既紧张激烈，又娓娓道来；既横跨宇宙，又直入分子的宏大立体电影。尽管尚不能说这部书就已经完美无缺，更不能说就能够针对航天和航天育种介绍所有知识、解读所有问题，但作者这种“在有限空间中覆盖更多领域、在有限篇幅中阐述更多知识、在有限内容中消除更多疑惑”的理念，却是值得我们共同参鉴的。

我真诚地希望，这部《航天育种简史》能够对航天育种产业的进一步扩大影响产生良好的效果，进而对提升民众科学素养整体水平，引导和激励民众，尤其是年轻一代，更加关注中国航天和航天育种事业，树立热爱科学的基本意识、强化投身科学的强烈愿望，发挥更好的作用。

中国载人航天工程副总设计师
国际宇航科学院院士
陈善广

2016 年 11 月 15 日

序二

用现代科普塑造现代农业人才

当我翻开这部《航天育种简史》，并被书中如此宽阔的视野、如此丰富的知识、如此幽默的笔法、如此鲜活的图片所吸引，进而一鼓作气全部读完之后，就立即萌生出一种过去没有过的感慨：这就是长期以来我们在培养塑造现代农业人才的过程中，一直在等待的那种优秀科普作品。

之所以这样讲，是因为我们在建设和推进现代农业创新发展的过程中，不断遇到新型农业人才短缺的紧迫问题。诚然，随着各级政府对农业人才队伍建设越来越重视，随着一批批有志根植大地、建功农业者不断涌现，农业人才队伍的整体规模和水平，始终在上升，成为我国"三农"发展的重要支撑。但是，由于现代农业分类细、标准严，尤其是各个层面、各个阶段的科技含量越来越高，对所有从业者的科技素养、科技能力，都在持续提出更高要求。

然而，我们千挑万选、重点培养的农业人才中，并不是所有的人都受过高等教育，接受过研究生级别专门训练的更是凤毛麟角。就是从各类农业大学、科研院所走出的年轻一代，也并不是所有的人都对其专业之外的相邻、相近、相关领域知识都非常了解。而这种了解，却又是发挥专业能力、从事现代农业所必需的。于是，我们选拔现代农业人才的工作，有时便会觉得在效果上不太理想；我们发展现代农业的努力，有时便会觉得在效益上事倍功半。有的项目，明明适合某个地区的地质、气候、水文特点等要求，明明能够优化当地农业产业结构、造福一方，但却因为缺乏那种在专业技术上具有足够积累甚至一定造诣的高水平人才，最终推广不下去，或者效果不够好，最终还损害了项目推广者以及当地政府的声誉。

每逢这个时候，我们就比谁都希望能有更多更好的、让各个地区各个层次的农业人才都能一看便懂的科普作品，尤其是看过之后就能对自己从事的农业项目、农业科技的来龙去脉全都了然于心，从而对如何去做、做得更有针对性、取得更好的效果、实现更好的效益，做到心中有数，而不是盲目为之，进行不下去了才去临时抱佛脚、四处求援、到处搬兵。毕竟，我们不能让所有的现代农业人才培养对象都长期泡在相关高校或院所中，去学习掌握所有的相关专业理论知识和实践技术，这是一个不现实的、没必要也不可能完成的任务，因为没有哪个人能在有限的生命历程中学完所有相关专业，哪怕仅仅是框定于“农业”二字，也不可能。更何况，“学成”之后还需要有大量的时间去投身大地，去运用所学、建功立业。

所以，我们才需要像《航天育种简史》这样纵览宏观与微观、横跨专业与相关、兼容高端与通俗的高水平科普著作。实话实说，我虽然从事农业人才培养工作多年，但对航天育种专业知识的全面了解，也正是读了这部《航天育种简史》才实现的。过去，我只知道种子上天后会发生基因变异，但对变异的原理、过程知道得并不深入；我只知道促发种子基因变异的主要是宇宙射线，但对射线来自于哪里知道得并不详细；我只知道宇宙空间中到处都是宇宙射线，但对多数射线起源于几十亿年甚至上百亿年前、跨越浩瀚空间和漫长岁月才来到地球上空，知道得并不准确……也正是因为如此，我才理解了书名中为何有“简史”二字，而且理解了这个“简史”不但是航天育种的简史，实际上就是与航天育种密切相关的整个宇宙，以及太阳系及地球上世间万物演化发展的简史，同时还是中国传统农业发展的简史、世界及中国航天科技的简史。

于是我就想，如果我们所有的现代农业人才，尤其是与现代育种生产有关的人才，在从业之前或之初，就能读到这样的作品，一定会开阔眼界、启发思维，同时也因为不但知其然，而且还知其所以然，所以对自己从事的工作也就必然会更加充满信心，充满自豪。同时，这样的科普作品又为他们提供了丰富的宣传教材，当他们对各级政府官员、当地普通群众讲解自己的技术、成果、作用和贡献时，也能够说得更加清晰明了、准确到位，进而赢得更加广泛的理解和更加坚定的支持。

如果说读过之后还有遗憾，那就是这样的优秀科普作品，还是太少了。由此我也希望，我们各个行业、各个领域的科技工作者，都能与热爱科学、热爱科普、综合知识较为宽泛、写作能力较为过硬的作家加强合作，共同把本行业、本领域的高深科技知识转化为通俗科普语言、科普内容、科普著作。只有这样，才能实现“百花齐放春满园”的美好愿望，让更多的现代农业人才培养对象，不论其身处什么地区、从事哪类项目，都能随时随地得到这种极其容易吸收的“丰富营养”的强化补充，反过来又能随时随地进行广泛宣扬和传播。毕竟，农业的分类是非常复杂的，单凭一部讲述航天育种的科普著作，是不能同时解读和回答水利、病虫害、气候、土质、污染等所有问题的。从这个角度讲，《航天育种简史》的作者，已经为我们做出了具有启发意义的尝试，已经为我们树立了一个很好的标杆。

借此机会，谨向两位作者致敬，同时也想以这篇序言，向所有科技工作者，尤其是肩负现代农业开发建设和现代农业人才培养管理职责的人，冒昧发出这个永久的倡议。

农业部人力资源开发中心研究员
中国农学会农业科技园区分会秘书长 董献民

2016 年 11 月 16 日

【目录】

【引子】惊艳世人的“瓜果之王”

——它们是地球植物吗 …… 001

【第一章】物质出现与生命进化

——从宇宙大爆炸说起 …… 011

【第二章】当人类成为主宰

——小小种子责任重大 …… 032

【第三章】变被动等待为主动出击

——从大农田到实验室 …… 050

【第四章】宇宙一直在等待我们

——那里什么条件都有 …… 070

【第五章】航天科技强劲助推

——火爆的太空生物实验场 …… 092

【第六章】我们一直在领跑
——特殊国情，特别决心 …… 112

【第七章】不一样就是不一样
——种子究竟发生什么变化 …… 140

【第八章】一切尽在掌控之中
——既无核沾染，更非转基因 …… 165

【第九章】无限风光在险峰
——前途光明，任重道远 …… 186

【参考文献】…… 200

【后记】…… 202

【引子】

惊艳世人的“瓜果之王”

——它们是地球植物吗

对航天育种事业来说，让一大批太空种子、太空植物出现在世界园艺博览会上，是一次极具“划时代”意义的成功策划。这是航天育种科技的累累硕果首次在世界级园艺主题展示活动中精彩亮相，不但引发中国各界人士、广大民众的浓厚兴趣，也受到了各个国家和地区有关组织的广泛关注。

2011年4月28日，以“天人长安 创意自然——城市与自然和谐共生”为主题的“2011西安世界园艺博览会”[1]（简称“世园会”），在西安东郊的浐灞生态区[2]隆重开幕。（见图1）

为期178天的西安世园会过程中，来自100多个国内外城市和机构的园艺产品佳作汇聚、精彩纷呈，令成千上万的参观者陶

[1]世界园艺博览会，是由国际园艺花卉行业组织“国际园艺生产者协会”批准举办的国际性园艺展会，堪称各国园林园艺精品、奇花异草的大联展，目的在于增进各国相互交流，展示以园艺为主题的文化成就、科技成果。首届世园会于1960年在荷兰鹿特丹举办；中国已先后在昆明、沈阳、台北、西安、锦州、青岛、唐山各承办过一次。

[2]浐灞生态区，即“西安浐灞生态区”，得名于“长安八水”著名的浐、灞水系。建立于2004年9月，是国家级生态区、西北地区首个国家级湿地公园，欧亚经济论坛永久会址和国家服务业综合试点项目西安金融商务区所在地。位于西安城区东部，规划总面积129平方千米，用于发展集金融商贸、旅游休闲、会议会展、文化教育等于一体的现代高端服务业、生态人居环境产业。

醉不已、流连忘返。

然而，与过去在世界各地举办的往届世园会不同的是，本届世园会特设的“航天植物及航天科普教育展示区”，不仅首开历届世园会之先河，而且始终观者如堵、赞誉腾涌。（见图 2）

不仅如此。除了设在世园会之内的这个“展示区”，在位于西安南郊的西安国家民用航天产业基地，还有一个更大规模展示更多航天植物的分会场，这就是西安航天育种科技产业示范园。（见图 3）

那么，不论是在展示区，还是在示范园，参观者们究竟是被什么展品所震撼，甚至发出“它们是地球植物吗”这样的惊叹？

让我们看看当时最“闪亮”的三种植物吧。

第一种，是被公认为“南瓜霸王”的太空南瓜。（见图 4）

何以为霸？因为它长得快，比普通南瓜快得多，5 天左右就能长到西瓜那么大。不但长得快，而且长得大，实在是太大了，成熟后单瓜体重可达 200 千克，两个壮小伙子合力都未必能够抱得起来。

所以，如果它不是“瓜霸”，那也没谁能是了。

而第二种呢，就是被戏称为“番茄部落”的太空西红柿。

一根长长的“主干”上，又长出数百条分枝，沿着棚架攀爬生长，最长可达 20 米，枝叶覆盖面积达 150~180 平方米，总共能结 1 万多颗果实，像不像一个兴旺发达的超级部落？

第三种，是堪称“线椒之王”的太空线椒。

这种线椒，不但亩产量始终保持在原地面优质品种亩产 4000

千克的纪录之上，而且果肉厚度、维生素含量、红色素、辣素等等关键指标，全都处于领先水平。

其实，当时在世园会上向人们公开展示的，并不只是这三种"瓜果之王"。之所以先说它们，是因为大家普遍对南瓜、番茄、线椒都非常熟悉，所以现场一看就觉得十分惊奇、感叹不已。

而对其他的植物，多数人并不是很熟悉，虽然在现场看着很新鲜，但并不是每个人都能一眼看出与普通植物有什么明显差别。

比如说，除了"瓜果之王"之外还有很多"花卉之王"呢！

有被誉为"花中模特"的"太空百合"，因枝干木质性大大增强，因此植株异常高大，平均达到 1.80 米，是普通百合的 3 倍以上，最高的可达 2.26 米，而且花苞长度近 20 厘米，每株都可绽放 20 余朵花，是普通百合的 10 倍左右。

有株高超过普通品种两倍以上、达到 70 厘米，花色演变出从浅黄到金黄等多种颜色的"太空金盏菊"；还有花期远远超过普通品种，能够大幅度延长观赏时间、降低养种成本的"太空一品红""太空孔雀草""太空万寿菊""太空金鱼草""太空瓜叶菊""太空醉蝶花"……

这些瓜果花卉植物的名字，你听上去都会觉得似曾相识，过去也亲眼见过好多。可是在这里，却又觉得"不敢相认"。

它们真的是地球上的原生植物吗？莫非是从外星球移植来的吗？怎么长这么大个儿、结这么多果儿、开这么多花儿啊？（见图 5）

怎么说呢？

也是，也不是，或者说不完全是。要说是，是因为当时在世园会上向人们展示的，就是地球上原本就有的天然植物。

只不过，世园会上这些植物的种子，或者说这些植物的“先辈”，全都远赴高天遨游过太空，又全都回到地球母亲的怀抱，在航天育种专家的精心抚育下，以非同凡响的劲头和姿态，钻出土壤、长成苗株，傲视群芳、惊艳世人。

就在这个长达数年的过程中，它们经历过严酷宇宙环境中凤凰涅槃般的特殊锤炼，经受了大浪淘沙般的千挑万选；有的从一开始就“战死沙场”，有的在种植期间“黯然退隐”，但也有一批又一批“勇者”和“强者”，脱颖而出，成为真正的太空植物。

与普通品种相比，所有选育成功的太空植物，都拥有自己的“强项”或“特长”，并不仅仅是“个头大”“产量多”，还有很多让人兴奋的奇妙变化。

那么，这些上过天的种子，究竟在太空中遇到了什么？奇妙的变化是怎么发生的？

现在，请跟我来，让我们一同飞向浩瀚无际的宇宙深处，飞向极其遥远的时间起点。（见图 6）

起点，或者说答案，不在地球上，而是在那里……

【图 1】西安世园会

1. 西安世园会里的“长安塔”和吉祥物“长安花”。
2. 西安世园会全景鸟瞰图。
3. 西安世园会开园期间始终游人如织。

【图 2】西安世园会航天植物园

1. 航天植物资料供不应求。
2. 太空植物展品。
3. 航天植物园外景。
4. 航天植物园与西安世园会标志建筑长安塔在夜幕中流光溢彩交相辉映。

【图3】西安航天育种科技产业示范园

1. 位于示范园内的太空植物博览园农博馆内景。
2. 生机勃勃的示范园部分外景。
3. 示范园大门及作为西安世园会分区时树立的名碑“太空植物博览园”。

【图 4】西安世园会上展出的太空南瓜

【图 5】西安航天育种科技产业示范园中的几种太空植物

1. 太空百合。
2. 太空辣椒。
3. 太空向日葵。
4. 太空玉米。
5 太空番茄。

【图6】从地球上看到的银河系

茫茫无际、浩瀚无边的宇宙，是世间万物的真正发源之地。我们所有问题的答案，都在那里。

【第一章】

物质出现与生命进化

——从宇宙大爆炸说起

几乎可以肯定，最初是什么都没有，没有时间，没有空间，没有宇宙。然而，以137亿年前那场极其剧烈的大爆炸为发端，逐渐什么都有了。星系，恒星，行星，直到出现包括我们人类在内的、地球上的一切生物。而生物所要面对的共同问题，就是“吃饭”。

宇宙是这样诞生的

137亿年前，什么都没有。

没有你，没有我，没有恐龙，没有汽车，没有啤酒烤肉，没有花草虫鱼。实际上，根本就没有时间，也没有空间。真的是什么都没有，连“没有”都没有。

突然之间，在一个极小极小、小得几乎不存在的点上，发生了一场极其剧烈的大爆炸。转瞬之间，无穷的能量、物质爆发出来，整个体积急剧膨胀。宇宙，我们的宇宙，就此诞生了。（见图7）

在大爆炸刚刚发生之后的极短时间内，宇宙就以快得无法想象的速度，急剧扩张到了连“浩瀚”一词都远不够用的程度。此时，宇宙内部高得同样无法想象的温度略有降低，并开始出现和充斥着无边无际的物质。

就是说，物质，亿万年之后组成无数星系、星球，以及组成山川、森林、大海，恐龙、鳄鱼、蚊子，然后又组成猴子、老虎和我们的物质，当时在极短时间内几乎全部形成。当然，那时的物质还都是中子、质子、电子之类的基本原料，还需要宇宙继续一步步加工，最先是一定数目的质子、中子结合成为原子核，这个原子核又“捕获”了相应数量的电子，形成一个完整的、具有特定性质的原子，这才能变成真正的元素。

宇宙靠什么来加工物质元素呢？就是宇宙物质间相互作用的主导力量之一，即万有引力。物质出现后，万有引力就开始起作用啦。

不过，“万有引力”是牛顿[3]的说法，爱因斯坦[4]可不这么认为。而且后来的科学家们发现，始终在主导物质演化、运行和相互作用的，除了万有引力，还有电磁力、强核力、弱核力。不过那都是另外的话题，扯开就太远了，我们还是按牛顿的万有

[3]艾萨克·牛顿，1643—1727年，英国人，伟大的物理学家、数学家、天文学家，其成就遍及物理学、数学、天体力学的各个领域。1687年发表了《自然哲学的数学原理》这一里程碑式的巨著，表述了被称为牛顿三定律的经典力学定律，从而建立起了经典力学的公理体系。

[4]阿尔伯特·爱因斯坦，1879—1955年，现代物理学的开创者和奠基人，生于德国、后入瑞士籍，1933年定居美国。1905年，他提出光量子假说、解释了光电效应问题，提出了分子大小新测定法，创立了狭义相对论，推导出运动的尺子会缩短、运动的时钟会变慢、任何物体的运动速度都不能超过光速等理论和著名的质能方程$E=mc^2$（即能量等于质量乘以光速的平方）。1916年创立广义相对论，推导出引力场强度其实只是空间曲率的反映，而空间弯曲程度又取决于物质质量大小和分布状况，就连光线从大质量恒星附近经过时，都会因空间弯曲而被折弯，从而颠覆了牛顿的经典力学，开创了现代理论力学的新纪元。

引力理论来说吧。（见图 8）

那么，万有引力是如何加工基础原料的呢？考虑到情况比较复杂，我们就把复杂问题简单化，用当时遍布宇宙的、成团成团的氢元素云雾中的某一个来举例说明。这些氢元素，就是最先由中子、质子和电子组成的。

这一大团主要由氢元素组成的“云雾”，飘浮在宇宙的某个地方。虽然与宇宙本身相比它显得很小、如同一个芝麻，但用我们的眼光看来它真的非常大，大到人类乘坐目前最快的宇宙飞船飞行一万年，都不可能穿越它。

受万有引力影响，这团云雾中的所有物质，都开始慢慢地向着中心浓缩、聚集。在天文学上，这叫“坍缩”。氢云雾团在坍缩的过程中，还不可避免地受到来自外部与内部的各种意外干扰。

外部干扰，主要是别的大氢云雾团，给它施加了一点万有引力，就好比有人伸手拽了它一下，而且一直在拽，用力的角度还不那么端正；也有可能，是有股什么能量从不远处冲过来，斜着推了它一下。内部干扰，则是因为组成它的氢等元素质量分布不那么均匀，有的地方很多、有的地方较少；有的地方稠密、有的地方稀松。这就容易导致整个云雾团在坍缩的过程中，并不是所有地方都是准确对正中心点的；各个区域的收缩、下落速度，也是不可能完全一致的。

结果呢，这个巨大的氢云雾团不但会一直坍缩，而且开始旋转。随着密度越来越大、直径越来越小，旋转的速度还会越来越快。这就好比大家都见过的冰上芭蕾运动员，如果她想飞快地旋转，就得把原本伸直的胳膊收拢起来。其实，氢云雾团当时转与不转并不重要，重要的是万有引力一直在起作用，毫不偷懒，不要加班费。这就使得云雾团内部特别是中心区域，物质密度越来越大，温度也越来越高。

几百万年过去了，云雾团中心的压力和温度终于第一次达到了某个极限。此时，原本将氢原子核中的中子、质子紧紧抱在一起，比万有引力强大 N 倍，但作用距离极其有限的其他力量，主要是强核力，突然被以多胜少的万有引力给彻底打败了。

于是，氢原子开始熔合。过程很复杂，但简单说就是两个氢原子聚变为一个氦原子。原本包含、潜藏在氢原子核内部的巨大能量，猛然释放出来。原本那一大团氢云雾，经过几百万年的浓缩聚集后，就这样在中心启动了核聚变。从此，由无数原子齐心合力、接连不断释放出的巨大能量，以光和热为主要形式，穿透厚厚的、尚未参与核聚变的外围氢物质，向四面八方、向宇宙空间喷涌放射。

那团氢云雾，就这么变成了一颗巨大的恒星。这类宇宙初期诞生的恒星，都比现在的太阳体积大得多，几乎就是恐龙与兔子的差别。

可想而知，那时的宇宙是什么样的情景！到处都是旋转收缩的巨大星云，到处都在制造着新的巨大恒星，如同一个忙碌的超级工厂，新生恒星发出的闪光此起彼伏。每颗恒星，在随后短则数百万年、长则几十亿年的生命历程中，内部聚变区域的压力和温度还会不断达到新的极限，进而爆发新的、难度更大、能量级

更高的核聚变，比如氦原子熔合为碳原子、碳原子熔合为氖原子、氖原子熔合为镁原子和氧原子等。（见图 9）

我们的太阳，也是这样形成的。不过太阳已经属于第三甚至第四代恒星，而且体积不够大。太阳每秒都要把自己的 500 万吨物质转化为光和热，抛向宇宙空间，当然也分给地球一点点。仅凭这一点点，就养活了我们以及所有的动植物。但就这么豪爽大方，太阳却依然能够稳定地生存 100 多亿年。

而宇宙早期出现的这些恒星，多数体积和质量都很大，比我们的太阳大好多好多倍。由于体积大、物质多，万有引力也就聚少为多而更加威猛，所以中心区域的核聚变也就发生得异常猛烈。

这些超大恒星，尤其是比太阳大很多倍的恒星，由于中心“燃烧”过于猛烈，以至于氢向氦的聚变、氦向碳的聚变、碳向氖的聚变……每一级都发生得很快，直到中心出现一个炽热的高密度“大铁球”，这才停下来。

此时的超大恒星，内部就像一个层层包裹的洋葱，外部是厚厚的、一直都没有参与过核聚变的原始氢物质，接下来再向里是氦层、碳层、氖层、氧层、硅层，中心就是那个白热化的“大铁球”。

铁原子，是无法在恒星内部的自然条件下再次聚变为更重元素的，这是自然规律，恒星无法打破，所以超大恒星的内部聚变到铁后就必然停止。就是说，超大恒星的“死亡时刻”到来了。

注意，恒星所受的巨大万有引力是一直存在的，也正是万有引力才能将这么多物质聚集成为高密度的圆球状，挤压得内部中心发生核聚变。平时，恒星中央区域核聚变向外释放的巨大能量，与组成恒星的所有物质朝向中心的万有引力，达到一种微妙的平衡，恒星才既不会被吹得四分五裂，也不会被压得朝内过度坍缩。

可是，当恒星内部核聚变停止时，情况完全变了。中心向外的能量释放突然中断，向内的强大万有引力瞬间大获全胜。而且，在中心物质密度达到极限值的时候，万有引力还会突然变得异常强大，它的胜利就来得非常凶猛。

顶多只用千分之一秒，恒星内部中心区域所有物质，就都被万有引力压向中心点，同时向外爆发出超级巨大的能量。当中心区域瞬间坍缩时，外围那极厚极厚的、始终没有参与过核聚变的氢物质，突然变得中空了、失去支撑了。于是，它们也在万有引力的强大压迫下，向中心瞬间“跌落”。不料，这些外围物质刚刚接触到中心，就与中心因突然坍缩而爆发出的超级能量迎面相撞，立即引发更加猛烈的巨大爆炸，无穷的能量以极高的速度向四面八方喷涌而出。（见图 10）

一颗超大恒星，连续几百万年甚至上亿年向宇宙空间散布光和热的恒星，就这么瞬间“崩碎”了。这，就是著名的“超新星爆发”。不过，超新星爆发也分不同类型，“致爆”原因不一样，但随后的能量爆发表现是基本一样的。

超新星爆发产生的能量极其巨大。它瞬间发出的光芒，能够连续数天甚至一个多月，盖过所在星系数千亿颗其他恒星光芒的总和。更关键的是，只有在超新星爆发时，才能出现超大恒星毕其一生都未能达到的超强压力和超高温度。

爆发时被喷向四面八方的物质，就在转瞬之间，就在这超常的环境中，发生了全新的、几乎包括所有层次的聚变，各种原子纷纷被熔合，所有宇宙中原本没有的、比铁更重的元素，包括铅、银、金、钙、汞……元素周期表上的元素基本都被制造出来了。

既是“杂质”又是“原料”

相对于宇宙初期空间内主要只有氢、其次还有氦、偶尔还有锂的“纯净环境”来讲，超新星爆发时制造并扩散的这些新物质，似乎都是“杂质”。但这些数量庞大的“杂质”，却恰恰正是后来制造出水星、金星、火星、地球这样的行星的主要“建筑材料”，同时也是在地球上创造出所有动物和植物等的“基本原料”。

超新星爆发后，原来的超大恒星的中心区域会坍缩成为一颗高速旋转的、体积很小的中子星[5]，但密度却大到一块方糖那么小的中子星物质，就抵得上美国现在所有汽车的总和。

而更大的“超超超大恒星”，中心区域则会直接坍缩得没了体积，成为一个数学意义上的“小点儿”，这就是黑洞[6]。有人会说“黑洞不是个点儿，而是有大有小”。这话也对，但不全对。

---

[5] 中子星，是超大恒星以超新星爆发方式终结生命后留下的、除黑洞外密度最大的、高速旋转的星体。在中子星内，电子被压缩到原子核中、与质子中和成为中子，等于整个星体就是无数中子紧紧挤在一起，所以密度非常大。由于内核质量虽然很大、但依然尚未“达标”，向内的引力不足以“压碎”中子，所以不能再进一步坍缩成为黑洞。如果把地球压缩到中子星的密度，地球直径将只剩 22 米。很多中子星会发射周期性脉冲信号，被称为“脉冲星”。

[6] 黑洞，是宇宙空间中一种密度无限大、体积无限小的特殊天体，由质量足够大的超大恒星以超新星爆发方式死亡瞬间、内核受引力作用向内无限坍缩而产生。由于引力极大，在一定范围内连光线都无法逃脱，所以被称为“黑洞”，但其实并不黑，只是无法直接观测，只能借助它对周围事物的影响而间接观测到。如果有恒星等其他天体进入黑洞的“引力范围”，将会被扯碎并“吃掉”。

所有黑洞的实体，都已经不存在了，都坍缩到那个极小极小的“小点儿”里去了，没有大小之分，因为没有大也没有小了。黑洞就是这么奇怪。（见图 11）

但是，根据坍缩前所拥有的物质总量的不同规模，黑洞引力也分不同大小，它能够把光线都“拽回去、吞进去”的区域半径，或者说按照这个半径形成的圆形空间，叫做“黑洞视界”，也是大小不一的。之所以会觉得黑洞有大有小，其实是这个黑洞视界的直径有所不同，也就是它们对外部事物的引力强度、作用距离有大有小罢了。

至于超大恒星的外围物质，主要是没有参与过核聚变的氢，全都被巨大的爆炸给吹向宇宙空间，连同爆炸瞬间制造出来的比铁更重的大量新元素物质，在漫长的岁月里越飞越远，逐渐弥漫、散布开来。

这些新老物质都不会被浪费，它们会与别的星际云团，或者与弥漫在宇宙空间里的巨量尘埃结合到一起，在万有引力的驱动下，开始慢慢凝聚，进而参与制造下一代恒星。

只不过，由于星云中已经掺杂了大量的“杂质”，所以当下一代或下下代恒星诞生时，不再只是出现恒星本身了，而是会形成一个既有中央恒星、又有四周行星的“恒星系”，比如我们的太阳系。

所以，没有第一代、第二代甚至第三代超大恒星以“超新星爆发”为终结的“壮烈牺牲”，就没有地球的存在，也不会出现世间万物。就连如今女士们普遍佩戴的金银首饰，也都是以早期超大恒星的生命为代价换来的。

于是，正是由于一代代超大恒星死亡时的辉煌，宇宙才真正变得越来越精彩了。

总之，大爆炸之后的几十亿年中，宇宙中不断发生着早期超大恒星的死亡与新生，巨大无比的星云也在不断聚集、浓缩，从中又形成更新一代的恒星。由于星云中掺杂的重物质越来越多，超大恒星在新生恒星中所占的比例越来越少，多数恒星的寿命也变得非常漫长。后来，就慢慢形成了很多巨大而稳定的星系，目前人类用天文望远镜能看到的就多达数千亿个。而每个星系中，又都拥有数千亿颗恒星。这是什么概念呢？据初步观测和估算，目前可见宇宙中的恒星数量之多，远远超过地球上所有沙滩的沙子数量的总和！

我们所在的星系，叫银河系[7]。当宇宙诞生并演化到90多亿年时，银河系中就在我们现在所在的这块区域，又有一大团星际物质，在万有引力的作用下，慢慢聚到一起、并开始旋转了。长达几百万年的漫长岁月中，这个云团中的物质开始越聚越紧。受离心力影响，云团形状也变得越来越扁平，如同一个巨大的铁饼。

这团体积庞大的物质，以氢元素为主、同时包含很多早期第一代、第二代甚至更多代超大恒星爆炸后产生、播撒的重元素。

[7]银河系，即包括我们太阳系在内的恒星系统，包括1500亿至4000亿颗恒星，还有大量的星际气体、星际尘埃，中央还有一个超大黑洞。银河系的形状像个巨大的铁饼，直径约为10万光年，中央部分厚度约1万多光年。太阳处在距离银河中心2.6万光年的地方，与其他恒星一起，绕着银河中心转动，转完一圈约需2亿多年。

这些物质并不是完全均匀分布的，各个不同的部分之间，或者某一部分的物质之间，也在相互吸引。

最后，中央出现一个巨大的圆球，周围圆盘上的物质也开始相互聚集成为成千上万、体积较小的圆球。46亿年前的某个时刻，这个云团的中央圆球内部压力、温度达到极限值，终于促发了剧烈的核聚变，无穷的光和热向外迸发——我们的太阳诞生了。

本来，太阳周围圆盘上的物质中，氢、氦等原始轻物质，与早期超大恒星“健康在世”时内部产生的碳、氧、氖、硅、铁，以及超大恒星“死亡爆炸”时制造的其他更重物质，都是相互掺杂的，你中有我，我中有你。而在太阳初生的那一刻，巨大的能量向外喷发，周围圆盘中的轻物质瞬间被推向远处。而较重的物质和已经形成的大大小小的较重圆球，则留了下来。

又是很多万年过去了。太阳就那么持续不断而稳定地发生着核聚变，而周围圆盘中的情况却发生着很大的变化。留在太阳附近的重物质，在经历无数次的撞击、熔合之后，逐渐凝聚成了水星、金星、地球、火星；离太阳较远的物质，则变成了木星、土星、天王星、海王星。我们的太阳系，正式形成了。（见图12）

它不叫星系，而是一个目前宇宙及各个星系中最常见的“恒星系”。除了上述八大行星，在接近太阳系盘面边缘的地方，还有像冥王星这样的矮行星，以及由无数难以聚为行星的“碎石残渣”组成的、同样围绕太阳转动的柯博伊带，还有很多别的零碎东西。

对人类来说，幸运的是地球恰恰处于一个非常合适的“宜居带”上。离太阳不太近，否则会被烤焦；也不太远，否则会被冻住。地球本身的大小也刚刚合适，内部始终有熔融状态的金属地核在产生着强大的磁场，保护着大气层，保护着海洋湖泊。然后，地球还有一个相互影响、相互帮助的亲密小伙伴儿，就是月球。

所有这些，都使得地球在46亿年前初步形成，又在漫长历程中熬过“岩浆球”等艰苦阶段、地壳板块逐步固定、留住大气层和液态水之后，开始出现了宇宙中真正的奇迹——生命。

生命的密码是基因

第一个生命个体是如何出现的，长什么样子，已经无从考证了。目前公认的结论是，地球生命最早是在大约38亿年前出现的。不论它们是哪种性质，都是包括我们在内的现代地球生命的祖先。

其实，现代科学研究表明，宇宙中到处都存在着出现生命的潜在可能。但是，一种生命个体除了能够吃吃喝喝、维持或长或短的生存期之外，还要能够以某种形式繁殖下一代。当下一代诞生时，必须具有与父辈完全相同的特征。否则，生命便不成其为生命。

那么，生命是靠什么来实现这种一致性的呢？就是固化在脱氧核糖核酸，也就是DNA之中的，用来分别完成某种生命性质传承任务的大量基因，它们就是传递生命信息的“蓝图”。DNA，以及它所固化、携带的基因，是极其稳定的，否则这个性质的生命传承依然会被中断。比如大约出现于5亿4千万年前的三叶虫[8]，尽管出现过很多个种类，据说多达6万种，但在其统治地球长达3亿多年的过程中，它们的基因始终不变，它们始终都是三叶虫，从未变成过“三叶鸟”，直到不知什么原因突然灭绝。（见图13）

还有众所周知的恐龙，统治地球长达1亿5千万年，尽管也是分为很多种类，有的能游，有的能跑，有的能飞，但一直都是恐龙，没有变成过“恐人”，直到6千5百万年前一颗巨大的小行星突然砸下来，引发持续很多年的全球大灾难，把恐龙们全都干掉了（此外，恐龙灭绝的原因还有其他一些说法）。

但是，凡事都有例外，基因也是一样。因为某种原因，某种生命的基因会发生突变。原本在水里生活了亿万年的，突然能够在岸上活蹦乱跳了；原本只能在地上爬来爬去的，突然长出翅膀、能在天空翱翔了。

更为神奇的是，当出现覆盖全球的重大变故时，比如大气层中的气体成分发生永久性改变，或者海洋中的海水性质发生全局性变化时，某些生物会大量灭绝，地球上的生存空间会被腾出，紧跟着会发生生物种类的“大爆发”式增长和扩张。

使生命种族的性质保持稳定的必要条件，是基因的稳定；使生命性质发生突变，或者生物种类发生变化的，也是基因的变化。除了发生全球性的自然条件重大变故之外，还有某种生物种族面

[8] 三叶虫，是寒武纪出现的、最有代表性的远古动物，是节肢动物的一种，全身明显分为头、胸、尾三部分，背甲坚硬，背甲为两条背沟纵向分为大致相等的三片，即一个轴叶和两个肋叶，因此被命名为三叶虫。到二叠纪末完全灭绝时，共在地球上生存3亿多年。种类很多，有的长达70厘米，有的只有2毫米。

临某些特殊需求时，慢慢积累、最终形成的变化，这就是进化。

不论哪种情况，都使得地球上的生物基因有的在保持稳定，有的在发生变化，有的在变化之后又开始保持新的稳定。

最终，地球的新主宰——人类，出现了。（见图 14）

然而，人类要想活下来，并不是那么容易的，首当其冲的一个重要问题，就是吃饭。

【图 7】宇宙大爆炸

1929 年，美国天文学家哈勃发现，宇宙中所有的星系都在相互远离，而且距离越远、离开的速度就越快。

这表明，宇宙中的一切物质都是在很久以前的某个时间点上，由一个密度和温度都无限大的“小点”爆发而来。这个时间点，目前统一为 137 亿年前左右。这个理论，就是目前公认的“宇宙大爆炸”理论。在此之前，什么都没有，包括时间。

【图8】牛顿与爱因斯坦

1. 艾萨克·牛顿，有史以来最伟大的科学巨匠之一。关于牛顿从苹果落地悟出万有引力，只是一个传说而已。
2. 阿尔伯特·爱因斯坦，是继伽利略、牛顿之后最伟大的物理学家。他的著名质能关系式 $E=mc^2$，为现代核能开发奠定了理论基础。

【图 9】超大恒星诞生

1. 氢聚变反应示意图。
2. 当氢云团内部压力和温度达到极限时，就会爆发核聚变，无穷能量穿透外层氢物质向宇宙中喷涌而出，一颗超大恒星就此诞生。
3. 那时的宇宙，如同繁忙而高效的超大恒星制造车间，蓝色星点层出不穷。超大恒星之所以普遍呈现出蓝色，是因为质量很大、压力极高，所以核聚变反应异常猛烈，温度亮度也都非常高。

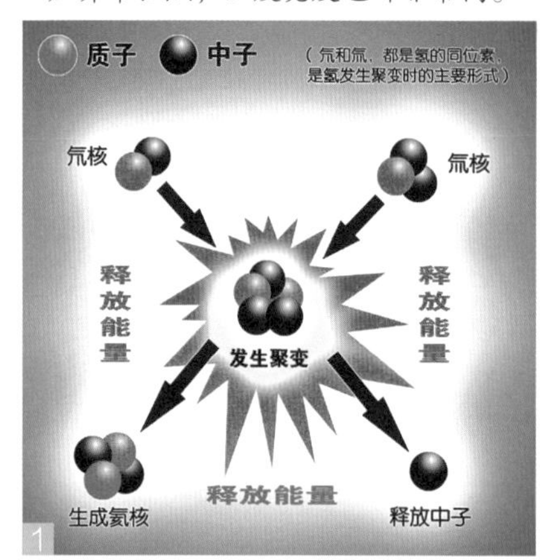

1

2

3

【图 10】超新星

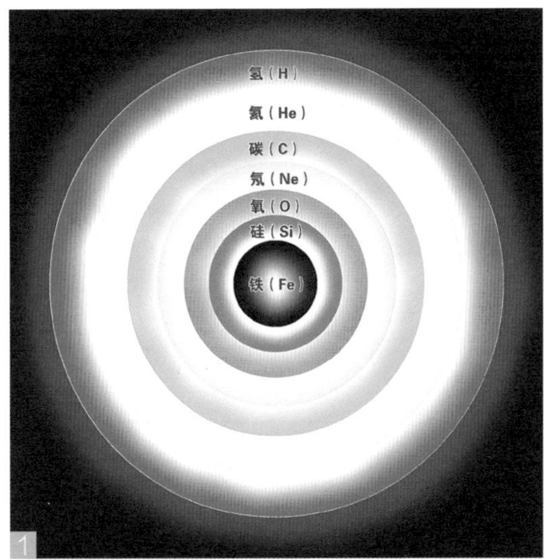

1. 即将临终爆炸的超大恒星内部结构示意图。

2. 这就是超大恒星的归宿，即超新星爆发。就在这一瞬间，所有比铁更重的元素同时被制造出来，撒播到宇宙空间中，参与制造下一代恒星，并为行星乃至生命的诞生奠定了基础。

【图 11】中子星与黑洞

1. 超大恒星以超新星方式爆炸后，会在中央部位留下一颗密度极大、高速旋转、不断向外发射能量的中子星。
2. 质量更大的超大恒星，则会在超新星爆发后变成一个黑洞，它的中央物质会坍缩为一个没有体积的小点儿。之所以有“体积”的感觉，只是它存在一个拽回并吞没光线的“势力范围”。我们看不到黑洞，但由于它的强大引力场能够扭曲折射身后及周围射来的光线，如同巨大透镜，所以还是能够发现它。更何况，当黑洞吞噬其他恒星时，还会向外辐射巨大能量，这些能量是能够看到的。

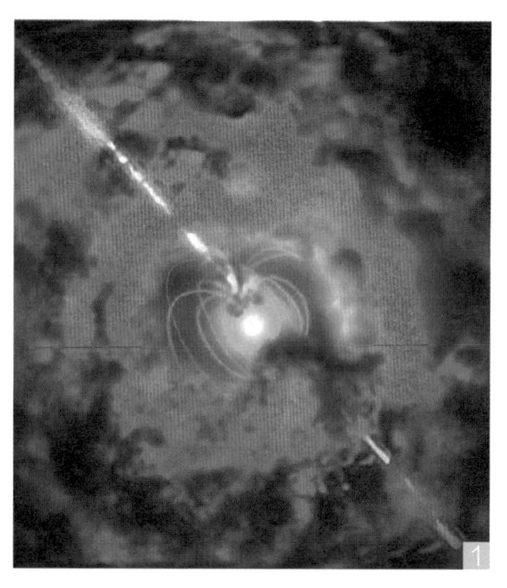

1

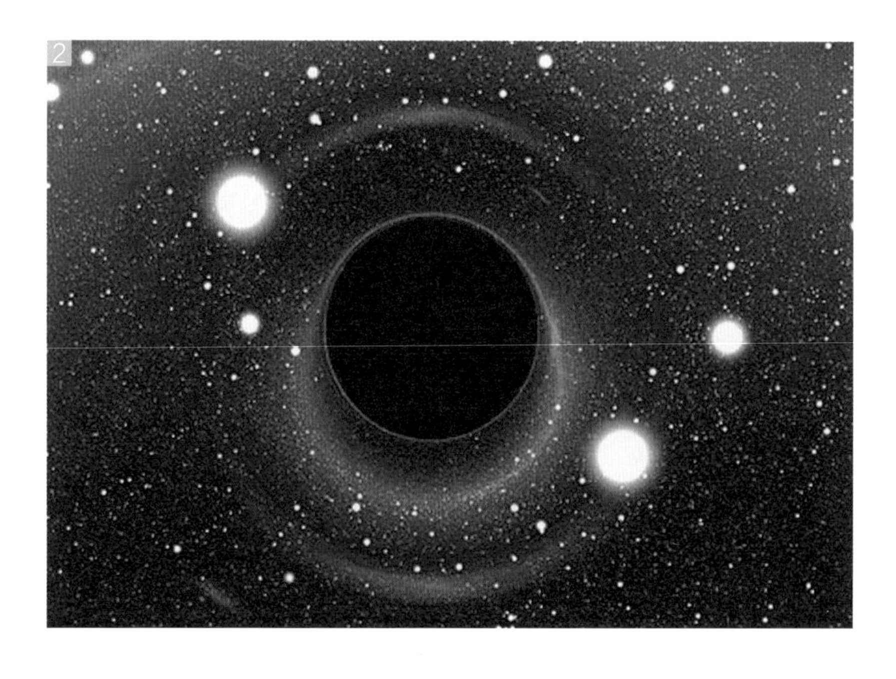

2

【图 12】太阳系的演化

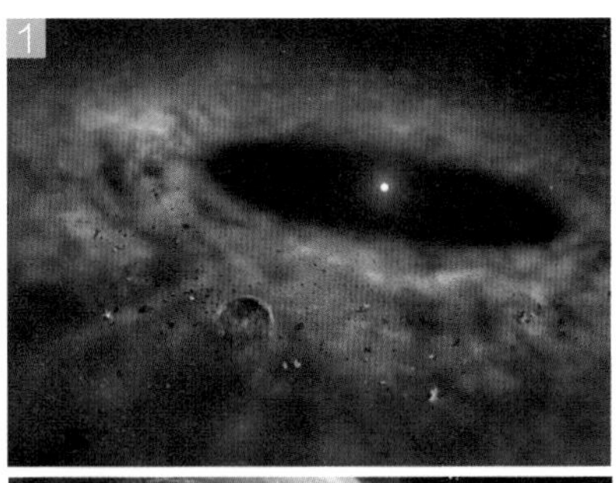

1.与坍缩形成超大恒星的早期星云相比，原始太阳系是充满“杂质”的，但正是这些重物质，却慢慢构成了行星，以及地球上的生命。

2.太阳系形成早期，这样的撞击频繁发生，但也正是这样，各大行星才由小变大、积聚而成。

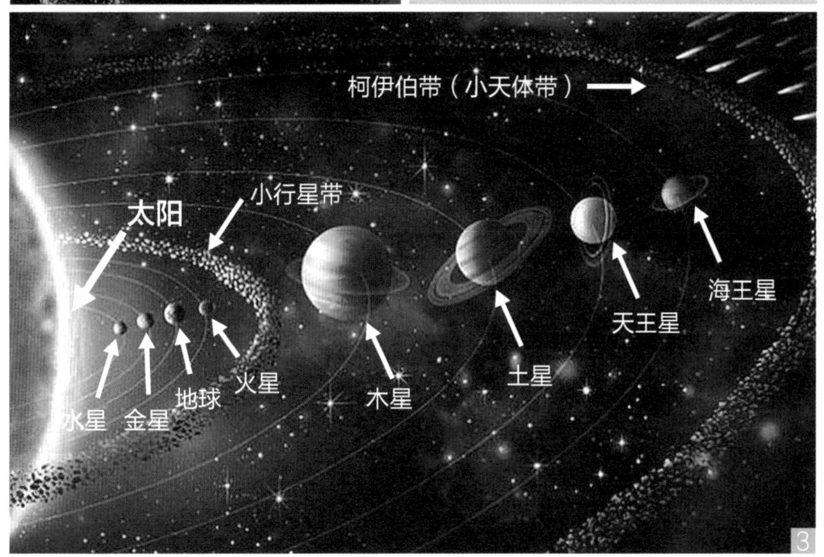

3.太阳系模拟图（注：太阳本身质量占到太阳系总质量的 99.86%；地球及其他行星的卫星如月球等，均未明确画出；行星之间的距离多数都非常遥远，不似图中这么“拥挤”）。

【图 13】早期生命

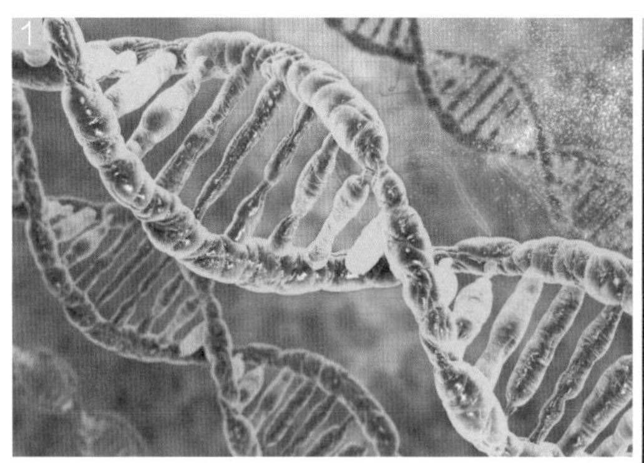

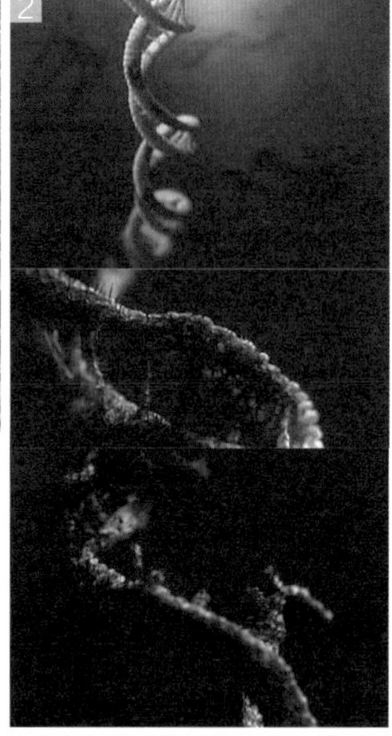

1. DNA 结构想象图。DNA（脱氧核氧核酸）是生命繁殖后代、遗传特征的终极密码。它的发现，是人类生命科学研究史上的重大突破。
2. 科幻电影《普罗米修斯》对地球生命起源的一种推断，即外星人来到早期地球，将自身 DNA 打断后撒到河流中，然后任其根据地球环境重新组合。
3. 一个典型的三叶虫化石。
4. 三叶虫“日常生活”艺术想象图。三叶虫曾统治地球 3 亿多年，可能多达 6 万多种。

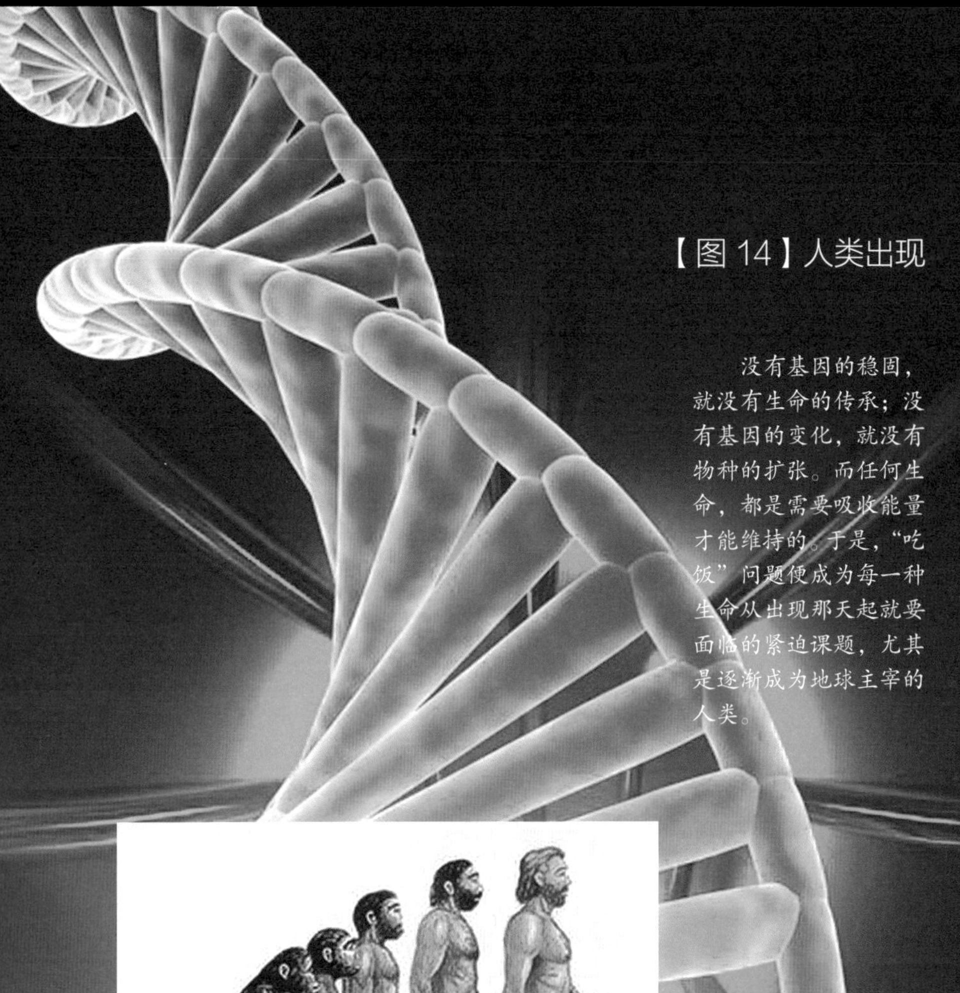

【图 14】人类出现

没有基因的稳固，就没有生命的传承；没有基因的变化，就没有物种的扩张。而任何生命，都是需要吸收能量才能维持的。于是，“吃饭”问题便成为每一种生命从出现那天起就要面临的紧迫课题，尤其是逐渐成为地球主宰的人类。

【第二章】

当人类成为主宰
——小小种子责任重大

没有足够的种子，便没有来年的丰收，人类就会挨饿。但自然界能够提供的种子，不但数量有限，而且性状也并不都是优秀的，远不能满足不断呈现爆炸式增长的人类的“胃口”。于是，人类便开始学着育种，这在古代的中国便已广泛开展。但是，由于技术落后、依赖自然，问题便总是不能从根本上得到解决。

人类一直都在学习种植

我们人类作为地球的全新主宰，不但属于高级动物，而且还是“杂食类高级动物”。地球上的其他动物，还有植物，只要能吃的我们都吃，除非有毒，或者在没有得手工具的情况下打不过、追不上某些动物，想吃而吃不到。

而在来自于大自然的人类食物中，最基本、最重要的，其实并不是肉类，而是植物。包括种子、果实、花卉、根茎、藤蔓、叶子……只要没有毒，只要够得着，只要挖得出，就都会去吃，至少是要去咬一口、尝一下的。

这种情况，从人类尚未开化，甚至纯粹作为原始人的时候就开始了。毕竟，在缺乏现代枪械、弓弩等高级工具的情况下，冒着生命危险，拿着棍棒石头去捕猎一头大型凶猛动物，远不如采摘种子颗粒来得轻松啊。

后来，随着学会制造和使用各种工具，又学会用火将食物、特别是肉类做熟了再吃之后，人类大脑出现了突飞猛进的变化。人类变聪明啦，不但变聪明了，还变得更馋了，想吃到更多煮熟的、好吃的肉。

于是人类开始学着驯养动物，养多了、养大了再吃！这确实不错，世界各地几乎每个地区的早期人类都学会这招儿了。但是，动物毕竟生长较慢，而且动物虽然是被养在人类“家里”，但也是要吃东西，比如吃青草吃粮食吃果子才能长大啊！（见图 15）

归根结底，主要还是得依靠植物，大量的、能吃的植物。没有充足而稳定的植物食物来源，人类以及人类驯养的各种动物，还是要挨饿。

可是，自然界的植物，并不总是听从人类指挥的。特别是当早期人类依然处于不断迁移的状态时，情况更是复杂。一块地方的可食用植物很快吃光，怎么办呢？走啊，找新的地方去啊！好不容易像非洲大象家族一样，拖家带口跑到另一个祖辈传说中食物充足的地方了，哇呀！不好！这地方刚刚遭灾了，颗粒无收。这可就麻烦了。

好吧，那就让我们来种地吧！其实人类早都发现，很多可食用植物都是可以人工种植的，于是人们就忍受着饥饿，把一部分种子保留下来，等到季节合适时种到土里，等待它发芽、生长，结出更多的果实。

种子传播和原始农业

早期人类这样做，目的就是针对自然界植物繁殖过程中的严重不确定性。如果没有人类干预，植物种子主要是靠风、动物、水等外部因素来传播的。（见图 16）

比如，蒲公英的种子外面长有很多细长细长的纤毛，成熟后被风一吹，就能跟自带降落伞一样飘到别的地方，落地发芽，这就是靠风传播。

再比如被包在莲蓬中长大的莲子，成熟后随着莲蓬的衰败、干裂而脱出，落到水面上，被传送到别的地方去“建立新的根据地”。这就是靠水传播。

还有像葡萄、山楂、桑葚之类的种子，都是包裹在甜美可口的果肉中的，人啊、猴子啊、鸟儿啊，都爱吃，然后就在无意中帮着植物把种子带到别的地方去了，除非种子也被动物给完全消化掉了。这就是靠动物传播。也有像苍耳那样的植物，果实上是长满带有倒钩的毛刺的，当人、山羊、野兔等动物走过时，会立即挂在动物身上，跟着到处走，直到因为什么原因脱落在地，从而轻轻松松来一场不用花钱、说走就走的旅行，这也是靠动物传播。

还有不少植物，比如带荚的豆类，能够在成熟时，通过豆荚因干裂而突然张开，把里面的豆子果实像炸弹的弹片一样抛到远处，这就是纯粹依靠自身力量的弹射传播。

你看，植物种子的传播方式很多吧？似乎我们的祖先早期人类，就在旁边等着收获就行了吧？

不是的。如果没有人类的干预，很多植物种子的传播效率是很低的，有的未必能够落到具备发芽生长条件的“好地盘”上，有的会在通过动物消化系统的过程中被破坏掉，危险系数还是很高的。

就是那些能够安全落地、落地后又能顺利出芽的种子，也常常是只能落在其“父辈”身边，然后很多“兄弟姐妹”挤在一起，对阳光、水分、养分的竞争都会变得十分激烈，最终大家谁都长不好。别看那些一望无际的大森林，那可不是一年两年长成的，每天都等着要采摘果实、得吃好几顿饭才行的人类，是等不起的。至于谷子、麦子、稻子之类的粮食，那更不可能在纯粹自然条件下，一长就是一望无际的一大片，然后还都能丰收。

所以，人类就开始学着种庄稼、种果树了。原始的农业，就这么在世界各地不约而同地慢慢出现了。

时间一长，人类所发现和掌握的、能够种植的植物种类，越来越多，种植的经验也越来越丰富。当然，产量也跟着慢慢增长，能够养活更多的人和更多的驯养动物了，生活也就变得更加舒适和美好喽！

而且，越来越多的早期人类种族都发现，从此可以不用再四处迁移、到处流浪了！找一块好的土地，拿树木、石头、土坯啥的，盖些窝棚,住在这里,种小麦,种玉米,种红薯,种苹果,种桃子……当然，还要养狗，养鹿，养羊，养牛……

现代人类社会的基石——农村，就这么慢慢出现，并越来越稳定和成熟了。当然，新问题也随之出现，那就是吃饱喝足之后，人类的繁衍能力也随之大增，各个部落的人群都开始迅猛增长。

粮食，又开始不够吃了，而且似乎总是不够吃。毕竟除了人数在增加，另外还有风灾水灾雪灾啥的经常跑来捣乱啊！有时候，一大片庄稼就要收割了，咚！天上打几个雷，在地上引发大火，就全给烧掉了。要不呢，就来场连绵不绝的大雨，把庄稼全部都泡死在地里，发霉了，吃不成了。

所以，早期的人类虽然学会种植了，能够定居了，但依然还是经常觉得粮食不够吃，有时甚至是忙活几个月，最后却依然完全没得吃。

当然，直到现在，人类也还是觉得粮食不够吃、不够用，因为除了吃，还要酿酒，还要喂猪，还要榨油……所以才有了一代又一代、一批又一批的农业育种科技专家，也才有了我们这本书要说的育种技术。

良种选育是这样出现的

那早期的人类怎么办呢？当发现粮食产量不增加、性质不提升，就会不断陷入饥饿境地时，早期人类中的那些“原生态育种专家”，就开始观察和琢磨了。

他们很容易就发现，某种植物群体中，总会偶尔出现极少量堪称“天生丽质”的“佼佼者”。

比如一片小麦。快要成熟了，哎，下了一场大雨，刮了一场大风，把小麦全都给吹倒了。得，白忙活了，烙饼馒头面条都吃不着了。

但是呢，成片倒伏的小麦中，却有那么几株，因为个头不高，又很粗壮，所以没有倒下，也没有死去，而是继续傲然挺立，直到成熟。可是，仅凭这几株，加起来才几十个麦穗儿，做个饼子都不够啊！（见图 17）

再比如一地土豆。感觉都长得够大了，可以挖来吃了。可是全村老小齐上阵，挖开一看，哎呀，怎么都烂了啊？生病了，传染病！

但是呢，却有那么一两窝土豆，不但完全对传染病的侵袭置之不理，相反长得又饱满又好看。回去煮着吃蒸着吃炒着吃拌着吃，就它了！可是数量太少，不够分怎么办？谁舍得吃啊？

当然没人舍得吃它们，尤其是那时的“育种专家”，不但不让大家吃掉这些罕见的超级小麦、超靓土豆，相反还要精心地把它们收集、保存起来。

只要不是太笨，他们就都会想到这样一个问题：“如果等到来年把它们再次种到地里，那结出来的新麦粒儿、新土豆儿，会不会都这么强大呢？”

第二年，他们把这些作为种子精心保存下来的小麦、土豆，都种下去了。然后，在所有乡里乡亲的瞩目之下，季节到了，收获了。哎呀，奇迹发生了，试验成功了，新长出的麦子果然特别结实，不怕风吹雨打；而新长出的土豆呢，果然也是不怕传染病侵袭，长得同样很饱满、很鲜亮！

全村因此皆大欢喜。此后的数年中，他们不再特别惧怕下大雨刮大风摧残小麦了，也不再特别担心地下会有看不见的传染病去欺负土豆了。烙饼子够吃了，蒸土豆也够吃了。

现在，我们都知道了，那些早期的“育种专家”所做的工作。

第一是“选”，就是把自然界不知何故突然出现的、变得特别优秀的植物植株挑出来，把种子保存下来，而不是把它们蒸了煮了吃掉；

第二步，就是“育”，即把选好的种子，在下个适宜季节到来时种下去，然后精心培育，看能否长出来同样优秀的植株和果实。

这两个步骤合并起来，就是“选育”。这项工作，其实全世界的现代农业科学家依然在做，只不过采取的方法、技术有所不同。论内在的核心因素，其实与早期的“育种专家”是一样的。

这个“关键因素”，早期的人类不知道，但现在的人类都清楚，那就是基因的遗传和变异。

前面我们说过，基因的特征之一就是能够完整复制自己，把生命性状原样“抄袭”给下一代，这就是基因的遗传。但基因也还有一个特征，就是当内外因都满足某个条件时，会发生突然的变化，这就是基因的变异。

但是，基因变异并不只是朝人类认为的“好”的方向变化，更多情况下是朝“坏”的方向变。比如早期人类所种的小麦、土豆中，其实有很多是性状很差，特别容易倒伏，特别容易生病的，只不过早期“育种专家”不选它们罢了。

自从人类开始种植，人类中一代代的“育种专家”，一直都在努力进行这样的探索，就是把自然条件下突然出现基因变异，而且是好的变异种子选出来，培育好，然后一代代播种、收获、再播种，让这种好的变异固定下来、传播开来。

我们的祖先最令人骄傲

对植物种子基因的这种遗传与变异，尤其是各种变异，虽然并不常见，但我们中国古代的“育种专家”们早都开始有所发现、研究和认识了。北魏的贾思勰[9]在《齐民要术·种谷》中就明确地说：“凡谷，成熟有早晚，苗秆有高下，收实有多少，性质有强弱，米味有美恶，粒实有息耗。”明朝有位官员叫夏之臣，他在《评亳州牡丹》一书中也提到：“具种类异者，其种子忽变者也。”虽然那个时代的夏之臣还不知道基因这回事，但这已是对“忽变”这种基因突变现象的初步分析，而且在此之前就已经有不少人，开始在这样的朴素认识指导下，对植物进行初步选育。（见图 18）

---

[9] 贾思勰，寿光人，北朝北魏末期、南朝宋至梁时期（公元6世纪），曾做过高阳郡（今山东临淄）太守，是中国古代杰出的农学家，所著《齐民要术》不仅是我国现存最完善的农学名著，也是世界农学史上最早的大型农业百科全书之一，对后世的农业生产有着深远的影响。今山东淄博市临淄区建有贾思勰纪念馆。

比如，宋代的刘蒙在《菊谱》中描写了35个菊花品种以后，又这样评论了一番:“余尝怪古人之于菊，虽赋咏嗟叹尝见于文词，而未尝说其花怪异如吾谱中所记者，疑古之品未若今日之富也。今遂有三十五种。又尝闻于莳花者云，花之形色变易如牡丹之类，岁取其变以为新。今此菊亦疑所变也。今之所谱，虽自谓甚富，然搜访有所未至，与花之变异层出，则有待于好事者焉。”这段话的意思是说，通过不断的仔细观察，找出并选取发生有益异变的品种，进行重点培育，就能形成新的、更多的、更好看的品种。文中的“好事者”，当然就是有心于此的早期“花卉育种专家”；而“岁取其变以为新”，就是选育、形成丰富多彩的新品种。

明代的袁宏道[10]在《张园看牡丹记》中，这样描写了一位名叫“张元善”的“花卉育种专家”：“每见人间花实，即采而归，种之二年，芽始茁，十五年始花，久则变而为异种。”这不但写出了选育工作的具体过程，还说出了选育工作的耗时之漫长。

古代的人们，无法从基因这个现代科学层面上去认识植物种子变异的根本原因，不清楚种子们为何会一方面能够一代接一代地保持基本的特征，不会“种瓜得豆”或“种牡丹得辣椒”，另一方面却可能会突然发生一些“早晚、高下、多少、强弱、美恶”之类的“忽变”。

但难能可贵的是，那时的人们已经开始通过改变植物生长的

[10] 袁宏道，1568—1610年，字中郎，又字无学，号石公，又号六休，湖广公安（今属湖北省公安县）人。明万历二十年（1592年）进士，历任吴县知县、礼部主事、吏部验封司主事、稽勋郎中、国子博士等职，是明代文学反对复古运动的“主将”，与其兄袁宗道、其弟袁中道并有才名，合称“公安三袁”。曾因仕途不畅，遍游江南名胜，写有大量著作。

环境条件，包括对土壤、温度、肥料等的变动，努力促成和加剧这种变异的发生。如宋代王观在《扬州芍药谱》中就说：“今洛阳之牡丹，维扬之芍药，受天地之气以生。而大小深浅，一随人力之工拙而移其天地所生之性，故异容异色间出于人间。”“花之颜色、之深浅，与叶蕊之繁盛，皆出于培壅剥削之力。”这里面讲的“人力之工拙”和“培壅剥削”，就是在改变植物生长的环境条件；“移其天地所生之性”，就是在转变植物的天生特性。

值得一提的是，我们中国人做这样的工作，起步非常早，光是有明确文字记载的年代之早，也是世界第一。西周时期的《诗经·大雅·生民》篇中，就有“种之黄茂，实方实苞；实种实褎；实发实秀，实颖实粟”这样的描写。翻译成白话，就是说要选用光亮好看、肥大饱满的种子；这样的种子播到地里后，才能长出苗壮整齐、均匀强壮的禾苗，结出硕大的穗子、饱满的子粒。这已经可以算是良种选育工作的“总要求”了。

到魏晋南北朝时期，我国的育种专家们已经培育出了种类繁多、规模庞大的“种子库”，西晋郭义恭的《广志》和北魏贾思勰的《齐民要术·种谷》中，对此都有精确记载，涉及包括粟谷、黍稷、粱秫、大豆、大麦、小麦、水稻、胡麻、芋头、瓜、枣、桃、李等在内的10多个类别，每个类别又包括许多个品种，比如仅是《齐民要术·种谷》中记载的粟的优良品种就达86个之多，而且各有各的特点，其中又有“朱谷、高居黄、刘猪獬、道愍黄、聒谷黄、雀懊黄、续命黄、百日粮、辱稻粮、奴子黄、焦金黄”等14个“早熟、耐旱、免虫”的品种，也就是不但成熟快、耐干旱，而且还能抗虫害。这要放在今天，也是相当不错的品种了。

《齐民要术》中，还强调了禾谷类作物种子要年年选种的重要意义和具体方法，就是要选取所有纯色的上好穗子，悬挂起来，等开春后单独种植并加强管理维护，收获时要提前打场、单收单藏，作为第二年的大田种子。这种方法，类似于现在所搞的种子田，其原理与后来形成的“混合选种法”相一致，而且比1867年德国育种专家仁博首次运用这种方法改良黑麦[11]和小麦，足足早了1300多年。如果当时在农田里对着几个品种埋头探索的仁博先生，得知位于遥远东方的中国人早在13个世纪以前就已经把这活儿做得技术成龙配套、品种成千上万，他恐怕会瞬间哭晕在大田里的。

除了多株同选、大田同育的“混合选种法”，还有因操作简单而民间采用更早、运用时间更长的“单株选种法”，又叫“一穗传”，就是选取一个具有优良性状的作物单株或单穗，一代接一代地连续繁殖，直到形成一个足够进入实用播种阶段的新品种。到了清朝，康熙皇帝还亲自“督办”，指挥育种专家用这种办法选育出了著名的早熟“御稻”，并曾作为双季稻的早稻品种在江浙推广。事实上，清代对这项工作还是非常重视的，仅官修大型农书《授时通考》中收录的部分地区的水稻品种，即超过了3000个！（见图19）

[11]黑麦，一种谷类作物，可能源于西南亚，以后向西经巴尔干半岛遍及欧洲，现广泛种植于欧洲、亚洲和北美，能适应其他谷类不适宜的气候和土壤条件，在高海拔地区生长良好，抗寒力较强。黑麦碳水化合物含量高，含少量蛋白、钾和B族维生素，可食用、酿酒及用作饲料等。面粉颜色发黑，做成的面包被称为“黑面包”。

可以说，回顾人类历史长河，不论是中国还是外国，也不论是古代还是近代，“育种专家”们的艰苦探索从未停止，贡献也非常之大。目前世界各地种植的各种作物的种子，几乎都不是直接从自然界采摘的了，而是普遍经过艰苦而漫长的选育之后，逐步定型推广的。

没有这些工作，人类就吃不饱。考虑到有些植物比如棉花、荆麻之类是用来制衣制被的，所以没有这些工作的话人类还穿不暖。再考虑到有些植物如玫瑰、牡丹之类是用来观看欣赏、表达感情的，所以没有这些工作的话人类还过不好。

总之，没有一代代优秀的育种专家，没有他们的艰苦探索，没有他们的良种成果，就没有人类的今天。

但是，随着现代人口越来越接近地球承载能力的极限，随着可耕土地逐渐减少而不是越来越多，如果不对育种工作本身进行革命性的改变，人类的未来仍将面临“吃不饱、穿不暖、过不好”的挑战。（见图 20）

问题依然很严重。

【图 15】人类的食物

1. 采摘与狩猎，是早期人类的主要食物来源，但采摘收获缺乏保证，狩猎又比较危险，有时甚至还会被猛烈的猎物反过来干掉。
2. 学会用火，是人类进化史上里程碑式的重大事件。

3. 当人类不但能够采摘、狩猎，而且又学会用火、耕种、驯养及制作简单器物等综合谋生手段后，部落、小型村庄等生活形态开始慢慢出现了。这其中，最重要的支撑便是早期的农业。

【图 16】植物种子的常见传播方式

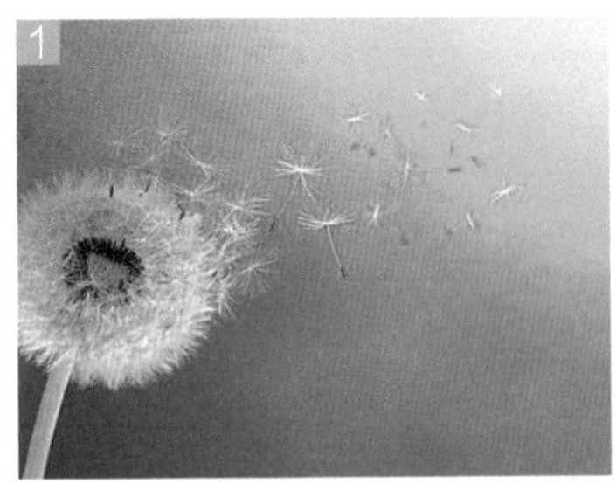

1. 靠风传播。
2. 靠动物传播。
3. 自体传播。
4. 靠水传播。

【图 17】小麦的自然变异

1. 自然状态下的小麦等常见作物，会因为某种原因，出现抗倒伏、抗病虫害等性状特别优秀的植株。把它们找出来，作为种子加以保留、繁育，是人类学会种植以来始终在做的一项重要工作。
2. 作物倒伏、发生病虫害，都会严重影响收成。

【图 18】《齐民要术》

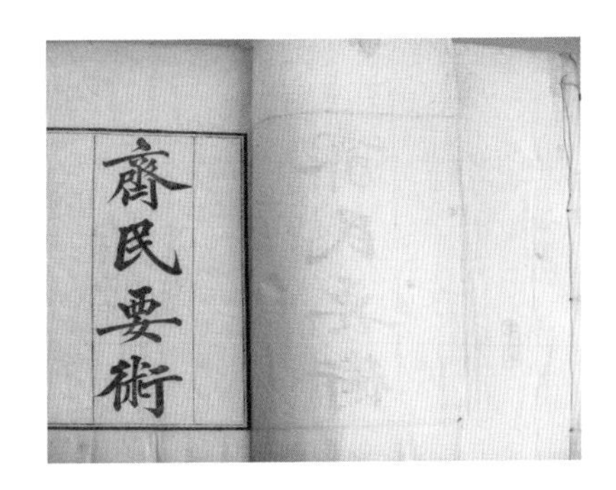

齊民要術

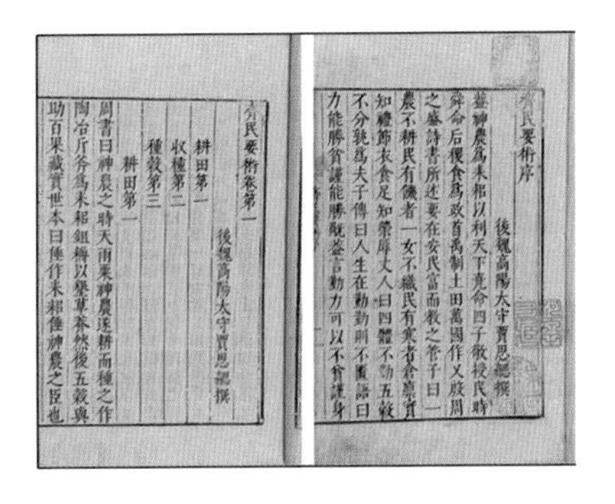

齊民要術序
後魏高陽太守賈思勰撰
蓋神農為耒耜以利天下堯命四子敬授民時
舜命后稷食為政首禹制土田萬國作乂殷周
之盛詩書所述要在安民富而教之管子曰一
農不耕民有饑者一女不織民有寒者倉廩實
知禮節衣食足知榮辱丈人曰四體不勤五穀
不分孰為夫子傳曰人生在勤勤則不匱語曰
力能勝貧謹能勝禍蓋言勤力可以不貧謹身

齊民要術卷第一
後魏高陽太守賈思勰撰
耕田第一
收種第二
種穀第三
耕田第一
周書曰神農之時天雨粟神農遂耕而種之作
陶冶斤斧為耒耜鉏耨以墾草莽然後五穀興
助百果藏實世本曰倕作耒耜倕神農之臣也

《齐民要术》全书 10 卷 92 篇，系统总结了黄河中下游地区劳动人民农牧业生产、食品加工与贮藏、野生植物利用、治理荒地等方面的经验，详细介绍了季节、气候以及不同土壤与不同农作物的关系，是世界农学史上最辉煌的专著之一，被誉为“中国古代农业百科全书”。

【图 19】《授时通考》

御製授時通考序
孟子言不違農時穀不
可勝食蓋民之大事在
農農之所重惟時敬授
人時載於堯典周公七
月一篇於日星霜露之

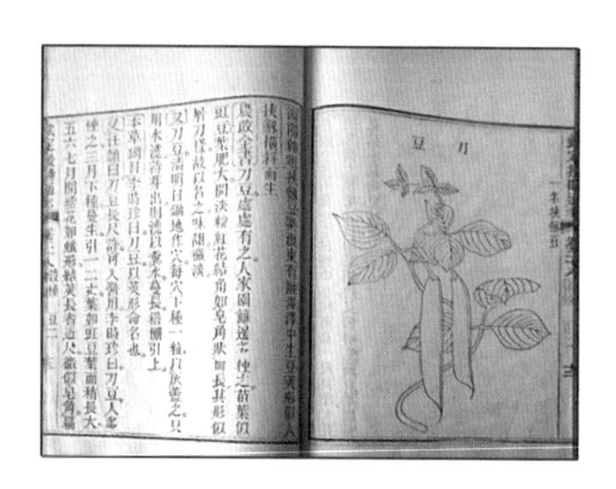

《授时通考》作为中国农业古书宝库中最后一部综合性精品，于清代乾隆七年编成，主要辑录前人有关农事的文献记载。除历代农书外，还征引经、史、子、集中有关农事的记载达 427 种，图 512 幅，共 78 卷、计 98 万字。内容以大田生产为主，兼顾林木副渔，分天时、土宜、谷种、功作、劝课、蓄聚、农余、蚕桑 8 门。

【图 20】人类依然面临粮食危机

如果育种工作没有创新发展，情况将十分严重。

【第三章】

变被动等待为主动出击
——从大农田到实验室

育种技术，总是伴随着人类科学技术的发展而同步发展的。尤其是近现代科技出现以来，人类在继续大量采用选育自然变异种子的同时，还先后将微重力、零磁场、核辐射、高空气球等多种技术引入了育种领域。随着科学眼界的不断开阔，人类终于发现，原来同时具备多种必要条件的最佳场所，并不是地面，而是太空。

牛人就是点子多

人类有史以来的所有良种选育工作，虽然都有早期“育种专家”的人为因素，但主要还是以“等”为主，即等待发现大自然中的植物突然变异后的新植株，然后赶紧加以保护，最后把种子留下来，看能不能形成一个新的品种。如果说有“人工干预”，那也顶多是换换土壤、改改肥料等。所以，这样的工作虽然成效很大，但成效大主要是来源于参与人数多、总体规模大，事实上还是较为被动的。

这就如同生活在沼泽地、水塘边的某些鹭类水鸟，它们抓鱼吃的本领很大，有时能从水里一口叼出一条很大的鱼来。但是，这些水鸟主要是靠“等”来觅食的，老是站在一个地方呆呆地不动，直到有条倒霉的鱼儿从附近经过。当然，鹭鸟站着不动更多是为了隐蔽行踪，否则鱼会发现而有所警觉、不再靠近，鹭鸟就没办法突然袭击、一击必中了。但是呢，如果半天都没有一条鱼游过来，那它还是没鱼可抓，更没得吃。

人类早期的作物良种选育工作，与鹭鸟抓鱼的过程有几分相似之处。世界上第一本“农业科技宝书”是诞生于中国西汉的《氾胜之书》[12]，上面明确记载了当时的作物育种技术。此后的2000多年中，世界各国的育种专家们虽然一直在努力，贡献也越来越大，但并不知道作物种子突然发生变化，是由于基因发生了变异。

所以，早期的育种专家们主要还是“等”，等着茫茫大田中有优秀植株突然出现，然后才能如获至宝、定向培育。显然，这样的工作有点过于被动了。虽然一代代育种专家在不断探索，并且贡献卓著，但这种低效率的被动却又始终无法满足人口不断扩张、各类资源日趋紧张所带来的更高、更大、更多需求。

这样的需求并不陌生，事实上自从人类出现以来就一直存在，而且形势是越来越严峻。与之相对应的是，一代代农业科技专家也总是在以各种方式主动探索、不断研究，以便更好地解决这个

[12]《氾胜之书》，即氾胜之撰写的一部农学专著。氾胜之，氾水（今山东曹县北）人，生卒年不详，大约生活在公元1世纪的西汉末期，著名古代农学家。《氾胜之书》是中国现存最早的农学专著，记载了黄河中游地区的耕作原则、作物栽培技术和种子选育等知识，对促进中国农业生产发展具有深远影响。

矛盾。而且，这种探究，从一开始就是立足于“既想知其然，又想知其所以然，进而掌握其必然”的出发点，进入到对种子的微观组成进行分析并施加影响的层面了。

目前可知的是，200多年前的英国就有人在做这样的研究了。这位可敬的探索者，或者说是对作物种子展开带有现代科技色彩的新型研究的先驱，名叫托马斯·安德鲁，出生于公元1759年，是个响当当的超级牛人，在不到50岁的时候，就被封为爵士了。当然，他并不是因为骑马扛矛去打仗而受封的，而是因为在园林园艺和水果蔬菜等植物的生理研究上成就卓著。客观地讲，他赶上了欧洲特别是英国大兴园艺之风的好时候。目前大家去英国旅游所看到的那些“自然”景色，比如起伏的丘陵，弯曲的小河，茂密的树林，繁盛的草地，其实有很多都是那个时代的贵族们请来园艺专家，用多年时间，动用大量人力，“迁村驱民，移丘填河，开湖造林”才形成的。（见图21）

而这位托马斯呢，就是这类园艺专家中的佼佼者。他自牛津大学毕业后，就开始学习并从事园艺及植物研究啦。由于善于钻研，喜欢创新，所以支持他的人也越来越多，竟然能够利用多达4000多公顷的土地，还有一个很大的温室，专门搞这个，这在当时也是很优越的条件了。他不但研究草莓、苹果、梨等水果，还研究卷心菜、四季豆等蔬菜；不但努力改进口感等品质，还琢磨怎么防治植物传染病的发生和传播。

总之，托马斯先生比较忙。但是，尽管忙成这样，他仍能分出精力到那些别的园艺专家或植物专家没有想到的事情上。比如重力，也就是物体感受到的地球引力会对植物生长究竟有什么样的影响。

据说，比他早出生116年的大科学家牛顿先生，偶然被树上掉下的苹果砸了脑袋，就发现了万有引力。而托马斯先生呢，则是反着来。他不是整天都在田地里、温室里观察各种植物的出苗发芽、成熟结果吗？结果他就想，为什么所有的种子在土壤中开始启动“发芽工程”后，都是根须朝下钻、茎叶往上长呢？难道，地球引力对它们的茎叶不起作用吗？或者说，它们的身体内部，有什么“精灵”在搞“反引力魔法”吗？

我们说托马斯先生很牛，就是牛在这里。他想到的这些问题，确实存在。植物的身体内部确实有某些“精灵”在推动茎叶朝上长而不是往下钻。事实上，这些貌似在实现“反引力”的“精灵”，究竟是什么，现代的科学家们略微知道一些了，但并没有完全搞清，也未能完全控制。

200年前的托马斯先生，当然也就更不可能搞清，也不可能控制。如果是一般人，那可能“管不了的事就不管了”，就此放弃。托马斯却不但没有放弃，相反还冒出一个念头：“我不管你植物内部有什么神秘力量控制你朝上长，总之你是与地球引力反着来的。那好，我干扰你，让你感觉不到地球引力，看你会发生什么变化。”

这样的理念，在任何时代都符合“大科学家”的特征。虽然说“好奇害死猫”，但没有好奇，人类又怎么可能发展科技、实现进步呢？不过，话是这么说，托马斯那个想法要想实现，却是非常不容易的。现在，我们都知道，要想让一个物体或者是我们人类自己在某个时间段上感觉不到地球引力，那得去太空高速飞行才可以，或者说乘坐大型飞机飞到高空，然后通过急速下降等办法，体验一把“没有地球引力”的感觉。这种感觉，这种状态，就是失重。

托马斯先生当时可没有这样的条件。但没有条件，不等于就干不成事，尤其是对托马斯先生这样的牛人。您猜怎么着？托马斯先生把他的研究对象，就是一种四季豆，固定在早期英国到处可见的那种水车上了！注意，那时欧洲的水车通常都很大，有的高达近 70 米。把豆子固定在水车轮子的边缘上，豆子相对于车轮是不动的，但相对于外部却是不停地转动的，一会儿向上、向右，一会儿向下、向左。而且，豆子们还都随着水车的转动具有了离心力，因而在某段路程上，也就有了那么一点点“失重”的感觉。

总之，过去不论豆子内部是什么“精灵”在控制豆苗儿朝上生长，而此刻它被固定在水车上，那肯定是起不了作用了。方向是随时都在变化的，而地球引力却是始终指向地心的啊！所以，那些“精灵”们就一定是处于头晕迷糊状态的，不可能再施什么“反引力魔法”吧。

可惜的是，托马斯先生做了很多次这样的研究，并把相关的研究成果写成了专著，但这本书却没有能够流传下来，据说是被他的一个学生不慎搞丢了。但是，托马斯先生用水车固定豆子做植物生理实验研究这件事，本身却是十分了不起的，因为他把那个水车系统变成了一个“模拟微重力实验场”，这在世界上可是第一次，所以他一直都被人们所铭记。

真正意义上的微重力系统，是由德国一位名叫朱利叶斯·冯·萨克斯的植物学家发明的。英国的托马斯先生去世时，朱利叶斯先生才刚刚6岁，但却已经开始痴迷于植物、真菌等的观察、研究、绘画、记录和标本收集了。与托马斯先生相似的是，两个人在这方面的研究都很扎实，成果也很多，而且都搞出了能够“搞乱”植物“方向感”的系统。具体讲，朱利叶斯的成就是建造了世界上第一台回转仪，用来消除地球对植物的重力效应。

不过，不论是托马斯，还是朱利叶斯，他们所借助或创造的“微重力系统”都是二维的，就是只能在一个平面上旋转，要么垂直，要么水平，而且转速也都不是很高，所以虽然在植物生理研究领域有了一些发现，但其成果都尚未达到普及性广泛应用的程度。（见图22）

真正的推动力是科技

人类科技历史上伟大的20世纪到来了。这个世纪，可不光是爱因斯坦创立了广义相对论，一直在为人类粮食种子问题殚精竭虑的植物学家们也同样没有闲着。单是在托马斯、朱利叶斯都曾探索过的微重力系统领域，先后就有意大利、日本、荷兰的科学家们，都成功研制出了各自的三维回转仪，而且都是高速。有的回转仪已经非常成熟，作为商品在植物科研市场上销售了。

从理论上说，在地球表面制造微重力状态其实并不难，方法也很多，比如高塔下落、气球升空后快速下落、可反复使用的快速下落机等等。甚至可以说，一个“熊孩子”从悬崖上朝下面扔下一块石头，这块石头在撞到地面之前，都是处于“失重”状态的。但是，这些办法尽管有的很容易实现，花钱也不多、设备也简单，但并不具备开展作物种子诱变的基本条件，多数都是“瞬间结束”，种子内部那些小小的“精灵”连晕都没来得及晕一下，就又恢复对重力方向的正常感知了。所以，要想开展耗时很长、足够让种子基因发生变异的微重力实验探索，那必须得专门制造回转仪，至少也得像托马斯先生那样，让种子随着水车长时间地转动才行。

三维回转仪等微重力系统的发明和发展，是人类植物学家主动出击，打破亿万年来大自然对植物变异的完全“垄断”，开始干扰、影响和控制植物生长过程，甚至是基因分子层面变异变化的全新探索。

这种全新探索，并不只是对地球引力的反抗和干扰。或者说，科学家们不约而同地发现，地球从全局宏观意义上、对植物种子生长过程大规模施加影响的“武器”，除了引力，还有磁场呢！那好，那我们就再探索一下，如果让植物种子感受不到地球磁场，会发生什么样的变化吧！

随着现代科技的飞速发展，尤其是磁场屏蔽材料及技术的提高，使得科学家们能够得到一个尽可能将地球磁场和其他电磁信号屏蔽在外的小小空间环境，叫做“磁屏蔽室”。这样的磁屏蔽室，美国、荷兰、日本、芬兰和德国等国家在 20 多年前就已建成，并且进行了多个领域的科学实验和研究攻关。

不过，在这方面我们中国也是一点都不落后。1989 年，我国在位于北京的中国地震局地球物理研究所，建成第一个国家“零磁空间实验室”。虽然这个实验室的主要任务是精密仪器校正及消磁等，但也使得针对模拟脱离地球磁场情况下的生物效应研究逐步成为现实，国家攀登计划课题“零磁空间对农作物的生物遗传效应研究”等项目得以深入开展。

在此期间，先后有江西省农业科学院旱作物研究所、黑龙江省农业科学院作物育种研究所、哈尔滨师范大学生物系等科研、教学单位的专家学者，在中国地震局、地球物理研究所和零磁空间实验室等的协作下，自 1999 年开始，利用零磁空间环境，先后对大麦、小麦、大豆、玉米、芝麻、花生、油菜、水稻、牧草等作物种子，进行零磁空间对种子基因诱变效应及作用机理等方面的研究，取得了大量宝贵的数据资料，也为人类“主动出击”式探索新型育种技术积累了丰富的实践经验。

此外，还有一种出现较早、一直在用的诱变育种技术，就是辐射诱变。具体讲，就是利用伽马射线、X 射线、紫外线[13]等等去照射、轰击作物种子，促发其细胞、基因等发生变化。其中用得较多的，是伽马射线，因为这种射线能量很高，波长又较短，所以具有很强的穿透能力，能够把能量直接作用到作物种子的细胞、分子层面。

中国的科学家特别是农业科技专家，对这种辐射诱变技术已经运用得非常成熟。如中国农业科学院作物科学所、湖南省原子

[13] 紫外线，是电磁波谱中波长从 0.01~0.40 微米辐射的总称，肉眼不可见，对生物具有较强杀伤力。

能农业应用研究所、浙江省农业科学院作物与核技术利用研究所等单位的专家，都曾利用伽马射线辐射技术，从现代生物学效应及诱变效果系统分析的角度，对多个类别的水稻品种进行诱变实验，育成一批优质水稻新品种。这些品种，普遍表现出早熟、抗倒伏等优良性状。若是单靠在大田里“蹲守观察”“大海寻针”，等待大自然“昙花一现”，是不可能从数量、质量、效率等方面达到这个层次的。（见图 23）

不过，也并不是所有农业科学家的“主动出击”式研究，都是依赖“微重力实验场”“零磁空间实验室”“伽马辐射”之类的高精尖条件，还有一种貌似非常普及的工具也经常被用到诱变育种上。这种工具，相信大家一定都不陌生，因为它的“近亲”很多，而且公园门口、游乐场内总会有成群小贩在卖，成群娃娃在买，要是一不小心脱手了，它就飞上天去不回来了，除非被树枝、电线等物体给挂住。

没错，你猜对了，就是气球。当然，我们这里讲的绝对不是这些 10 块钱就能买好几个、小孩子就能吹得圆鼓鼓的普通玩具气球，而是体积庞大、相当结实，可以飞得很高很高，又能够自由控制、不会“一去不回”的“高空科学气球”，简称“高空气球”。（见图 24）

人类历史上有记载的、真正意义上的使用高空气球进行科学探索，是 18 世纪 80 年代的欧洲人进行的，当时主要是进行攀升试验，看能够升多高，同时还想体验一下高空究竟能够“热”到什么程度。在当时的人看来，往天上飞，那不就是朝着太阳飞吗，肯定越高就会越热。

结果呢，那些参与飞行的勇敢者，每个人都后悔没有带上皮大衣啊、棉帽子之类的保暖衣服，因为他们吃惊地发现，不对啊！怎么越往上越冷啊！具体地说是平均每爬高 1000 米，温度就会下降大约 1.6 摄氏度。

现在，我们都知道了，高空大气非常稀薄，也就是原子密度不大，在阳光照射下相互碰撞、运动的机会就比较少，所以气温就比较低，人在上面就会觉得很冷。而且，相对于远在 1.5 亿千米之外的太阳来说，你朝它靠近区区几千米，就好比中国某个小树林中的一只蚂蚁，朝着美国黄石国家公园的滚烫温泉爬了几步，无论如何都不可能觉得“每走近一步，温度便升高一点”。

到 1902 年，法国有个更勇敢的人，乘坐高空气球，创下了新的纪录，竟然飞到了 10 千米高的地方。这可是现代大型喷气式民航客机的巡航高度[14]，那里很冷，冷到平均零下 57 摄氏度；空气很稀薄，稀薄到动物难以呼吸。如果没有特殊的保暖、呼吸设备，人在那里是支撑不住的。

所以，这个法国人非常勇敢，令人佩服。他的名字很长，叫做“莱昂—菲利普·泰瑟朗·德·博尔特”，就跟他用气球把自己送到万米高空一样令人印象深刻，因为他当时并不是没事干上去玩的，而是去做纯粹意义上的科学探险的。而且，他的这次冒险是有重大收获的，因为他发现了大气平流层，顺便还发现了臭

[14] 巡航高度，主要是指现代喷气式民航客机完成起飞和爬升后，按每千米消耗燃料最少的速度即巡航速度长途飞行时的适宜高度。不同客机的巡航速度、巡航高度并不一样，但大致都在 1 万米以上。军用飞机另有不同标准，如某种战略侦察机的巡航高度超过 2.5 万千米。

氧层[15]。这两个发现，都是可以戴上“重要”“伟大”“了不起”等桂冠的。

100 多年过去了，人类在发展，制造和使用高空气球的本领也在发展。现代意义上的高空气球，平时工作的飞行高度虽然比不上动辄数百千米的人造卫星，但也能够达到 2 千米到 50 千米，远远超过大型民航客机 10 千米左右的巡航高度。而高空气球的载重量，虽然比不上民航客机，但也能够达到数百千克，甚至能超过一吨，足够搭载一次重要科研活动所需要的相关探测设备和实验对象。

由于高空气球的飞行高度令人满意，制造成本又相对较低，并且具有工作准备时间相对较短、使用起来较为灵活等优点，所以许多发达国家尤其是制造材料、测控设备都很过硬的国家，从 20 世纪 60 年代起，就相继开始大规模发展现代意义上的高空气球技术了。正是这种努力，使高空气球逐步成为一种与火箭、人造卫星、航天飞机和飞船等复杂飞行器并驾齐驱、缺之不可的重要工具，被广泛应用于各领域的研究探索，包括高能天体物理、宇宙射线、红外天文、大气物理、大气化学、地面遥感、高空物理、动植物高空生理、微重力、军事、外层空间宇宙飞行及生活设备预先研究，承担的任务甚至比近地飞船、人造卫星还要多。

这么简便好用的工具，咱们的农业育种专家们自然不会错过。自 1987 年起，中国的科学家们就开始大规模、成系统地利用高

[15] 臭氧层，即大气平流层中臭氧浓度较高的部分，能够吸收紫外线，分布于 20~50 千米的高空。如果按一个标准大气压压缩，厚度仅为 3 毫米左右。如果臭氧层全部消失，来自太阳的紫外线将严重伤害地球生物，大量杀死地表微生物及海洋浅层中的浮游生物，最终引发生物灭绝。

空气球来进行诱变育种探索研究。几十年来，已经先后对水稻、小麦、大麦、玉米、油菜、棉花、谷子等重要作物种子和食用菌菌种进行了高空诱变，成功地获得了一批优良品种、品系，成为我国农作物“种子库”中的重要补充。

植物种子和菌种，为什么会在高空中出现异常变化，有些还能够将这些变异遗传给下一代呢？这是因为，当高空气球携带植物种子升到几十千米以上的高度时，所处环境的大气结构、空气温度和密度、压力、地磁等条件，所经受的宇宙射线、紫外线等的强度，都与地面有着显著的差异，必然会对种子细胞和基因产生重要影响，进而促发变异。而这，正是农业育种专家们所期望出现的。

事实上，对上述微重力、弱磁场和高空气球等几种“主动出击”式的诱变育种技术，农业育种专家们几十年来一直都在加以综合利用，目的就是进一步加强各种“非正常因素”对种子细胞和基因的影响，促发更频繁、更深刻的变异，以便得到更多更好的新品种。

但是，这很麻烦，耗时很长，很难从宏观意义上做大做强。分布在全国各地的农业科研院所、大专院校的农业育种专家，也不容易做到不论什么项目都能提前周知、统一步调、协作进行。更关键的是，像零磁空间实验室、三维回转微重力系统等场所和设备，也并非任何一个科研单位、任何一名农业专家，都能随时买得起或用得起的。我们的农业科学家，尤其是一些经济欠发达地区的育种专家，虽然责任更大，但条件却相对并不那么优越，有的甚至一直在科研上过“苦日子”和“紧日子”。所以，不能不另想办法——那种事半功倍、一箭多雕的好办法。

总有勇者在前仆后继

于是，大家就不约而同地想到了一个地方——科学家们在地面上费尽力气创造或模拟出的这样或那样的极端环境，而在那个地方这些条件却是无处不在、无时不有，同时具备、更加强大——那就是太空。

自从宇宙诞生以来，它一直都在那里。人类对那里一直都很好奇，但却上不去。就是法国那位名字很长的、乘坐高空气球攀升过的勇敢者，也只是上到了十来千米，事实上连大气层都没有出去，当然幸亏没有，否则他一定会当场壮烈牺牲在天上。

这样的壮烈牺牲，不是没有发生过。中国明朝初期洪武年间，一位被明太祖朱元璋封为“万户”的功臣，名叫陶成道，浙江金华人。这是一位不爱官位、偏爱科学的探索者。晚年时，他把47个自制的火箭绑在椅子上，自己坐在上面，双手又各举一个大风筝，然后叫仆人点燃火箭，试图实现“上天”的愿望。然而不幸的是，火箭爆炸了……陶成道就成为了地球上第一个利用火箭向天空进发的英雄。他的努力虽然失败了，而且还为此丧失了生命，但他借助火箭推力升空并打算平安返回的创想，却是全世界的“第一次”。因此，他被全球各国公认为“真正的载人航天始祖”。为了永远纪念这位先驱，20世纪70年代，国际天文学联合会将

月球上的一座环形山，正式命名为“万户”。（见图 25）

600 多年过去了，人类向太空进发的步伐一直都没有停歇，而且随着最近几十年来科技的发展，这种步伐越来越快。先后又有各地区的许多宇航员、地面科学家及工作人员，像万户陶成道那样，壮烈牺牲在人类征服浩瀚太空的征程中。苏联某次火箭爆炸事故中，一次就牺牲了 100 多人；美国的“挑战者号”和“哥伦比亚号”航天飞机先后失事，仅这两次就牺牲宇航员 14 人……（见图 26）

但是，“万户”们没有白白牺牲。人类对宇宙空间已经十分了解，在现有智力、人力、物力、财力基础上，人类所积累的经验、所收获的知识，已经达到全新阶段，而且还在继续提升和拓展。

这是对人类文明的一种强劲助推。同样也推动了对人类生存至关重要的农业作物育种技术的发展。

新的画卷，已经随着人类航天科技的迅猛发展，在太空中打开。那里才是农业育种科技专家们梦寐以求的最佳实验室。

那么，那里究竟有什么？

【图 21】欧洲的田园风光

1. 利用水车来提送流水、驱动机械，是世界各国的通行做法。图 1A 为最常见的自动提水灌溉用的小型水车。图 1B 是传说中的“世界最大水车”，位于欧洲，高度接近 70 米，用于采矿生产。
2. 英国这样的田园风光，多数并不是自然形成，而是早期由庄园主聘请园艺专家专门设计，然后经过大量村庄拆迁、挖地成湖、垒土成山、引水成河、移树成林后建设而成。

【图 22】两位早期植物学家

1. 托马斯·安德鲁(Thomas Andrew 1759–1838 年)，英国皇家园艺学会会员，爵士。自牛津大学贝利奥尔学院毕业后，主攻园艺及水果、蔬菜等方面的植物生理学研究，获得大量突破性成果。是世界上最早利用水车来对植物种子进行“反引力”或称“微重力”促发性状变异研究的专家。

2. 朱利叶斯·冯·萨克斯（Julius yon Sachs 1832–1897 年），德国著名植物学家。从小就钟情于自然科学，后来专门从事植物学研究，尤其是对植物细胞、光合作用、运用微量化学方法等等均有独到发现。主持建造了世界上第一台专用回转仪，用于消除地球对植物生长的重力效应。

【图 23】几种可用于育种研究的高科技设施

1. 中国科学院国家微重力实验室内的百米微重力落塔。
2. 中国地震局的地震观测与地球物理成像实验室零磁空间。
3. 直径 200 米的日本茨城县伽马射线辐射育种研究所。

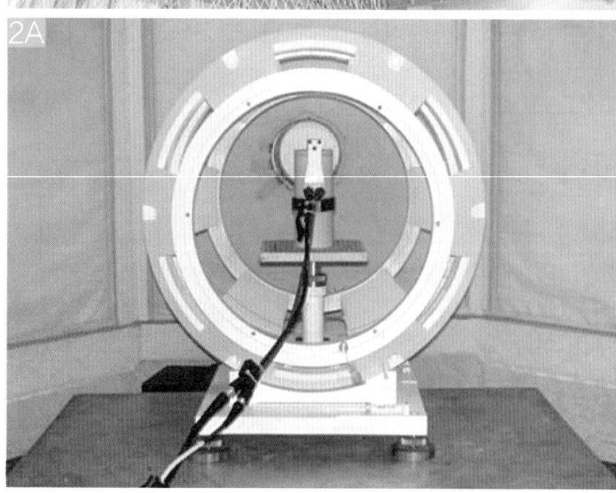

【图24】高空气球

1. 升到高空、胀至最大的高空科学气球。
2. 山东烟台农业研究院用高空气球搭载过的小麦种子“烟航二号”的饱满度、直立性等各种性状，均有显著改善。
3. 从高空气球上拍摄的地球。

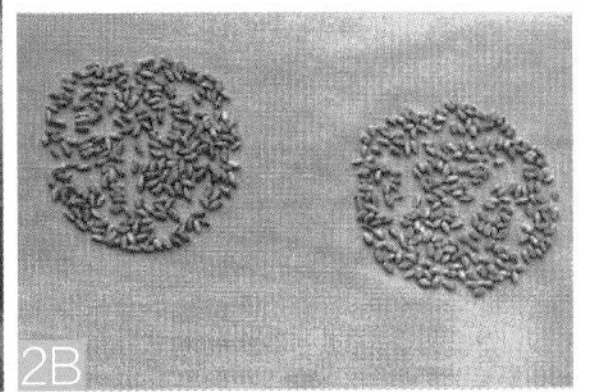

【图 25】世界“飞天第一人”——万户

1. 月球上以“万户”命名的环形山。
2. 万户陶成道，浙江金华人，万户是他受封的职位级别。本页图片多数是描述他飞天壮举的绘画和雕塑。

【图 26】他们为航天而献身

1. 1971 年 6 月，在太空成功飞行长达 3 个多星期的 3 名苏联宇航员，在返回地球途中不幸窒息身亡。

2. 1986 年 1 月 28 日，美国“挑战者号”航天飞机起飞 1 分钟后发生爆炸，7 名宇航员牺牲。

3. 2003 年 2 月 1 日，美国“哥伦比亚号”航天飞机返回地球时爆炸解体并坠毁，7 名宇航员牺牲。

一代代勇士不会白白牺牲。我们，离太空越来越近了。

【第四章】

宇宙一直在等待我们

——那里什么条件都有

太空，才是最佳的“育种实验室”，那里同时具备微重力、弱地磁、强辐射、高真空、超低温、极洁净等极端条件。这些条件，每一个都需要极其复杂的过程才能实现，有的甚至涉及宇宙起源和100多亿年前宇宙早期的超大恒星，最起码也需要太阳的参与。所以，这些条件都是科学家们在地面费尽力气也难以同时实现并长久保持的。要想大规模同时实现、满足广泛而长期的实用育种要求，就更是完全不可能。所以，对种子来说，可谓万事俱备、就等上天了。

超级实验室就在天上

说到这里，我们已经了解人类在育种领域所付出的无数次努力，尤其是了解了人类从试图脱离单纯依靠大自然“偶然恩赐”的被动等待阶段，向“主动出击”式的、科技含量更大的研究探索迈进的情况。这类探索所涉及的技术，也远远超越《氾胜之书》《齐民要术》等中国古代农业科技书籍所记载的水平，逐步进入到细胞控制、基因变异等微观层次了。

在此过程中，一个个全新的科学概念浮出水面并进入实践，比如微重力、弱磁场、强辐射……接着，几乎所有的科学家，以及无数的从业者、爱好者，都在思考一个问题：

有没有能够同时具备上述所有极端条件，在短时间内让种子细胞和基因可能发生的变异全都真正发生的，就像“综合加工厂”那样的“超级实验室”？其实，这样的“超级实验室”一直都在，那就是太空。

太空，它就在地球的周围，就在我们的头顶上，而且已经存在亿万年了。人类科学家们穷尽智力，各国政府投入大量资金，所搞成的“微重力实验室”和“零磁实验室”，其实都是在模仿那里的条件和环境；就连出现很多年、至今还在广泛使用的高空科学气球，实际上也是在帮助人类，向着太空，靠近，靠拢……

这是人类与生俱来的一种强烈愿望和远大目标。最近几十年来，人类逐步实现了从“航空”到“航天”的“龙门之跃”。虽然最远只是去了几趟月球，连载人飞去火星这样的“近邻”都尚未做到，但人类的“飞天”之梦，毕竟已经成为现实了。这一步，已经迈出，包括人造卫星、返回式飞船、往返式航天飞机……这些技术都已经非常成熟，这是不争的事实。

对农业育种科技来说，这一步，就已经足够了，因为育种专家们的目的就是“较短时间实现变异，拿回地面进入选育”。如果非要让种子们到火星上，甚至到更远的、用目前最快的宇宙飞船都要飞几万年甚至几十万年才能到达的其他恒星附近去转一圈，那也没什么意义了。

所以，我们所说的对育种科技最为合适的、最大最强的“超级实验室”，主要就是指当前人类各种航天器能够顺利到达、而且能够安全返回的地外空间，也就是已经离开地球大气层，但又不会毫无必要地跑得太高太远的，距离地面大约上百千米、几百千米的区域。

那里，正是育种专家们梦寐以求的地方，人类科学家上百年来努力创造和模拟的、能够超越地球表面自然状态的极端环境，那里都有，全都是现成的，而且一直都有，永远都有，除非宇宙消亡[16]。

历史比地球年龄还要久远的“太空超级实验室”、逐步成熟的航天科技，促使人类育种科技发展史上一个全新的概念横空出世，这就是“航天育种”。

那么，在那个高高在上、包围着整个地球的“超级实验室”里，究竟有什么？为什么人类从航天科技问世不久就开始启动航天育种科技了？或者说，当种子们在太空中“旅行”的时候，会遇到什么挑战？

那里究竟有什么

当然，太空的环境极其特殊，而且非常复杂，并非我们在这

[16] 宇宙消亡，即宇宙终结。目前有多种假说，一是宇宙将持续膨胀，最终将彻底撕裂，大至黑洞、小至中子都无法幸免，宇宙最终变成一片混沌；二是宇宙中所有可制造恒星的原料被全部消耗完毕，宇宙陷入一片冰冷黑暗的死寂状态；三是宇宙膨胀到一定程度后会再次收缩，最终变为一个奇点即巨型黑洞，然后再次爆炸、膨胀，如此反复……

里三言两语能够说清。而且有些情况、有些因素，就连最顶尖的天文物理科学家们都还没有完全搞清楚。但是，我们至少可以把那些与航天育种有关的因素，归纳起来总结一下。

根据目前人类掌握的情况，与动植物能够“沿袭传统、开心生活”的地球表面相比，存在了上百万年的太空环境，主要表现出以下几个方面的明显特点。

第一个特点，当然是“微重力”啦！

因为一说起“航天”，大家的印象肯定是宇航员和他们的笔啊、本子啊之类的物品都在航天飞机里、国际空间站里飘来飘去，失重了么！

其实，从纯粹严肃科学的角度地讲，宇航员也好，被搭载的种子也好，甚至航天器本身也好，在太空中作绕地高速飞行时，确实是处于“失重”状态，但并没有脱离地球的巨大引力。

真正的失重，是完全脱离所有的引力场，但这是理论上的，几乎不存在的。举个例子，地球与太阳之间离得非常远，要是从地球上乘坐大型民航客机向太阳飞去，得用 27 年才能飞到；就连太阳发出的光线都需要跑 8 分半钟才能达到地球。即便这么远，双方也在相互施加着巨大的引力，否则地球早都甩飞到宇宙深处，冻成个冰疙瘩了。就是在茫茫宇宙中，远离太阳、地球、木星、天狼星、仙女星等任何星球或星系，或者那些在某个地方独自自由飘浮的物体，也是受到来自四面八方的星球、星系、星云物质团的引力。只不过，这些引力相互抵消、相互平衡，等于这个物体一方面处在“密密麻麻”的引力场中，一方面却又完全感受不到任何重力。比如说在大约360千米高空中的地球同步人造卫星吧，其实也依然是被地球的巨大引力所吸引、拖拽着的。但是，同步卫星飞行速度极快，大约是每秒3.1千米。相比卫星的速度，那些有特殊需要的、绕地一周短于一天的卫星，速度还将会成倍飞行增加。

大家都熟悉的7.62mm五六式半自动步枪[17]发射的弹头，初速是每秒800多米，能够毫不费力地穿透10mm厚的钢板，但这个速度也只是相当于同步卫星速度的四分之一。

卫星如此之高的速度，必然产生很大的、试图脱离地球引力的离心力。在卫星所在的特定高度上，这个离心力刚好与地球引力达成平衡，于是就变成“失重”状态了，也就可以说是处于“微重力”环境之中了。这个平衡是很微妙的，卫星离心力大过地球引力，它就会飞向太空、再不回头；而卫星的速度略慢一点，离心力小于地球引力，它就会坠回地面。（见图27）

总之，处于那个高度，又以那种速度飞行的宇航员、航天器、搭载物，时刻都在“微重力”状态。对同样处于这种环境中的作物种子来说，这是完全不同于方向恒定、数值恒定的地面重力环境的全新状态；其内部任何细胞、分子级别的活动，不论是静眠，还是萌发，就一定会或多或少地发生与在地面时完全不同的变化。

这个变化，当然就是育种专家们所期待的了。我们再想想200年前英国那位托马斯爵士，他把四季豆固定在巨大水车上转

[17]五六式半自动步枪，即中国1956年式半自动步枪，口径7.62毫米，主要用于步兵使用的单人武器，可以火力、刺刀及枪托杀伤敌人。作为中国人民解放军第一支制式列装的半自动步枪，与五六式班用机枪、五六式自动步枪统称五六式枪族。

动，是不是跟现代航天器搭载种子在天上飞，有点相似呢？

第二个较为明显的特点，是“弱地磁”。

地球的磁场，在太阳系中是一个奇妙的存在，而且是包括人类在内的地球万物能够长期生存的必要条件。

相信我们每个人小时候都玩过磁铁，而且有的人平时工作中就经常接触磁铁。对磁铁的基本印象，就是当铁钉啊铁屑啊靠近它时，会被它迅速吸住；如果把磁铁拿走，就会看到随着距离的增加，磁铁对铁钉铁屑的吸力会逐步降低。当这个距离大到一定程度时，这个吸力就完全不能发挥作用了，够不着了。也就是说，磁铁的吸力，是跟与磁铁的距离成反比的，离得越远吸力就越小，直到消失。

地球，就是一个巨大的“磁铁”。在太阳系中，那几个与地球“材质”基本相同的岩质行星，即水星、金星和火星的磁场都很弱，谁都无法与地球磁场相提并论。太阳系形成初期，尤其是水星、金星和火星形成初期，其实也都是有磁场的，而且强度也很大。但是，亿万年过去后，这几颗岩质行星的磁场都慢慢消退甚至消失了。只有地球，我们的家园，依然保留着强大的磁场。这个磁场阻挡了太阳风、太阳耀斑[18]以及各种宇宙能量射线对地球大气层的侵蚀、剥离，使我们地球生物能够呼吸，能够生存。（见图28）

地球的磁场之所以没有像其他几个“行星小伙伴”那样减弱

[18] 太阳耀斑，是发生在太阳大气局部区域的一种剧烈爆发现象，能在短时间内释放大量能量，向外发射各种高强电磁辐射。主要由太阳表面复杂而激烈的磁场变动引发。大型的太阳耀斑活动，能够对地球人类生活造成较大影响。

甚至接近消失，是因为地球内部始终有着一颗“火热的心”，就是处于高压、高温和高密度熔融状态的地核。地球形成初期，由于不断遭受巨大“未成年小行星体”或“岩石体”的撞击，体积越来越大。在这个持续很久的成长过程中，地球始终处于“岩浆”状态，然后各种较重的金属元素，包括很多放射性元素，逐步沉到地心，成为地核，并不停地转动。

于是，地核就成为了一个巨大的“磁铁”；地球的磁场，实际上是地核磁力的表现，或者说延伸和拓展。与地球最像的火星，早期也是遍布江河湖海的，可是现在却成为一个“荒漠之球”，原因就是它的“心”冷了、凝固了、不动了，磁场也消失了，结果大气层就失去了保护，慢慢被太阳风吹走、剥离，然后火星表面的水分也就蒸发到太空里去了。

除了水星、金星、地球和火星这四颗岩质行星，其他还有木星、土星、天王星、海王星这四颗由大部分为氢的高密度气体组成的行星。它们也有自己的磁场，但形成机理与地球等岩质行星有不太相同之处，这里就不再提了。

既然地球就是一个“磁铁”，那它的磁场作用距离就一定会跟我们小时候的玩具磁铁一样，是有限的。注意，地球上的万千生物，包括我们现在关注的植物种子，不论是亿万年来的进化发展，还是基因固定之后的遗传繁殖；不论是成熟之后的短暂休眠，还是春季到来后的萌发成长，都是在地球表面完成的。而在地球表面，或者说在某一类植物种子主要生长的某个地区，地磁的强度、方向，相对来讲是恒定的。或者说，种子不论处于生命周期的哪个阶段，都是一直处于同样强度和方向的地磁环境之中的。

而在距离地面数百千米的太空之中，作物种子们赖以保持基本性状、延续生命进程的众多因素之一的地球磁场，变得很弱了，有时甚至是小小一粒种子所不容易感受得到的。而此时的种子却没有“死亡”，其内部的分子、细胞层面的活动依然在持续，但对祖祖辈辈都习惯了的地球强磁场，却感受不到了。所以，它一定会因此而出现“感知混乱”，进而产生变异。科学家们之所以花费巨资建造“零磁空间实验室”，正是为了模拟这样的“弱磁环境”。而在太空中，这个环境却是现成的。

第三个特点，便是“强辐射”。

“强辐射”是对种子的基因发生改变最凶猛、最迅速、最关键的空间因素。

如果说前两个特点即“微重力”和“弱地磁”，都只是“航天育种战役”的“战场环境因素”，就好比战争年代真实战场上的天气热不热、风雨大不大、雾霾重不重等，只是作战时面临的环境因素，它们也会影响到战斗的实际进程，有时也能决定战争的胜负，但并不是关键因素。

真正达成双方战争目标的关键因素，是弹药，比如双方部队手中的枪弹、炮弹、火箭弹、导弹，以及炸药包、地雷、手榴弹等。没有这些，仗就打不下去。坐在战壕里等待天气发生有利于己方的变化，是不现实的。

对“航天育种战役”来说，太空中的“强辐射”，便是宇宙赠送给航天育种专家的“弹药”。是它们，在微重力、弱地磁等因素已经开始促使植物种子发生与在地面时显著不同的变化的基础上，针对每一粒种子、每一个细胞、每一段基因甚至每一个分子，密集地进行精确打击。

那么，这种“强辐射”，实际上就是强能量，究竟都包括哪些东西？它们是如何产生、从哪里产生的？为什么如此强大，而且还一直都有？这个问题，还得回到恒星的“生与死”这个“重大问题”上。

在第一章中，我们已经对恒星的起源、演化、死亡过程，有了初步的了解，这里不妨再略微深入一下。

与人类区区几十年、顶多上百年的寿命相比，恒星的生命周期实在是太漫长太漫长了。像太阳这样的中等恒星，已经诞生46亿年了，至少还能再活50多亿年。而那些比太阳小很多、内部核聚变仅能维持而不剧烈的矮恒星，则能活几百亿年甚至上千亿年。看来，这些中小恒星，更懂得“做人要低调”的人生哲理啊！

所有这些与太阳一般大或略大一点的恒星，以及数量更多、比太阳小得多的矮恒星，虽然寿命都很长，但最终只能在中心区域聚变出碳和氧，无力聚变到铁这一级，所以它们永远不会发生超新星爆发那样的大爆炸，而是只能在生命后期一次次膨胀、收缩、再膨胀，变成体积庞大但却虚弱无比的红巨星。假如太阳最后一次变成红巨星时，我们人类依然还活着的话，那就会看到一个令人恐怖的场景：

那时的太阳，已经变成一个占据大半个天空的“红色恶魔”，它不但已经吃掉了水星、金星，还每天都把地球烤成岩浆球，而且太阳在死亡之前有可能把地球也给吞到肚里。不过，也有可能出现另外一种结局，就是因为太阳外层物质在不断丢失，总质量会变少，因而引力也在变小，地球的运行轨道就会变大，跑得离太阳略远一点儿，避免落个被膨胀中的太阳吃掉的下场。

而红巨星太阳的结局则是在最后几次膨胀中，外围的所有没有参与过核聚变的氢物质，都会被吹得一干二净，重新回归为宇宙原始尘埃。红巨星的中心，就会只剩一个体积不大、主要由碳和氧构成的炽热的遗骸，叫“白矮星”[19]，然后逐渐丧失热量、越来越暗，直到彻底变冷、黑透。

那时，我们的太阳系依然存在。由于中央白矮星的密度很大，引力也很大，所以残存的行星依然会绕着白矮星旋转。但那时的太阳系，已经没有光和热，而是一片死寂、冰冷。希望到那时，我们的后代早已制造出超级星际宇宙飞船，并且顺利移民到别的行星上去了。否则，还真是“后果不堪设想”。

不过，由于太阳这类中等偏上的恒星变成红巨星、直至最后死亡时，除了把离它较近的行星全部干掉，然后将外围物质吹回到宇宙空间之外，并不产生别的什么大范围的突发性剧烈危害，所以不必担心。

真正需要担心和提防的，是超新星爆发。137 亿年来，宇宙中的超新星爆发不像早期那么频繁了，但依然会有，也许明天中

[19] 白矮星，即中低质量的恒星临近生命终点、变成不稳定的红巨星，最后又丢失所有外层物质之后，残留下来的内核。通常由碳和氧组成，温度非常高，但由于内部不再发生核聚变、缺乏能量来源，所以将逐渐失去热量，变成冰冷的黑矮星。白矮星、中子星、黑洞，是不同质量的恒星生命终结后的三种不同形式。

午就会在天空中的某个地方，突然看到一颗明亮的新星，而且会持续好几天甚至一个多月才会逐渐暗淡下去。

让我们自豪的是，人类历史上第一次明确记载超新星爆发事件的，是1054年7月4日中国宋代的一位天文学家。那次超新星爆发的遗迹，如今还能用天文望远镜看到。事实上，爆发仍在持续，那颗超大恒星在爆炸时喷出的物质，依然在向周围扩散，已经变成直径达数万亿千米的一大块星云了，这就是著名的蟹状星云。（见图29）

注意，超新星突然爆发、变成中子星或黑洞时，瞬间向周围广袤空间中高速散播的，并不只是光、热、早期物质和刚制造的新物质。还有很多人类肉眼通常看不到的能量，同样于转瞬之间发射出来。这些能量的速度都接近光速甚至达到光速，奋勇向前、绝不回头。其中可能有极少数，会被宇宙空间中的巨大星云、星际尘埃团所阻挡或吸收，但绝大多数会一直在宇宙空间中长途奔袭、永不停步。

这些能量，包括中子束、质子束、中微子、伽马射线、X射线……还有很多目前没有确认的高能射线，总之个个都是威力无穷、不可阻挡。更严重的是，宇宙中到处都是高能射线，因为137亿年来“宇宙各地”一直都有超新星在此起彼伏、接二连三地爆发。不要以为早期超新星爆发所产生的宇宙射线全都消失了，不是的，因为还有离我们太远的超新星爆发产生的射线，目前还没赶到我们这里呢！

还有，宇宙中充斥的可不止是超新星爆发时所产生的射线，超新星爆发后留下的中子星，同样始终在发射着能量。而且由于它在高速旋转，所以发出的电磁脉冲特有规律，以至于人类科学家刚发现这些信号时，还以为是外星人在跟地球人打招呼呢。当时的记者纷纷报道这个发现，并且都管“外星人”叫“小绿人”。

至于更大的超新星爆发后留下的“超级遗迹”——黑洞，过去人们都以为它什么都吃，连光线都逃不掉，所以不会发射能量。后来才发现，黑洞在“吃东西”时，比如吞食一颗不幸靠近它的恒星时，黑洞两极也会各有一束巨大能量，以接近光速的高速度、沿相反的方向喷射而出。其强度之大，简直可以说是能够“烧穿星系”。如果这个黑洞恰巧有一极对着我们太阳系，距离又不太远，比如说才区区几十光年，那我们可就要立马变成“烤串”了。更要命的是，我们还无法提前预知，更没办法预防。巨大的能量束杀到地球、照亮天空、点燃万物时，我们才能发现，但已经什么都来不及了。所有动物都会全身突然着火，连跳入水中的时间都没有，因为瞬间就被整体摧毁并灰飞烟灭了，更何况，那一瞬间，地球上所有的大海、湖泊、河流，也都会在一瞬间被蒸发干净。不过，不用担心，因为天文学家目前的观测表明，在这个距离的范围内，还没有发现哪个方向有快要死亡的超大恒星。（见图 30）

就连给予我们光和热的太阳，实际上也在不停地向外发射各种高能射线。尤其是当太阳表面有耀斑爆发时，尽管总能量与超新星爆发相比完全是微不足道，但因为离地球太近，威胁还是很大，会有大量的高能光子、亚原子颗粒、红外线、无线电波、紫外线、X 射线、伽马射线一齐向外喷射而出。

总体上讲，就好比宇宙里到处都是释放高速高能射线的喷泉，无处不在，忙忙碌碌。当然对我们人类来讲，从这些喷泉里跑出来的，都是毫不留情的致命杀手。

所以，我们的地球，实际上是在来自四面八方的、各种各样的宇宙射线中穿行的，每时每刻都是这样。

那么，为什么整天面对如此之多的致命杀手，地球上的万物却还都能安全舒适地吃喝玩乐呢？那是因为地球拥有大气层，就像防弹衣那样，或者说像海绵那样，把来自宇宙空间的绝大部分射线给阻挡、吸收掉了。

光有大气层还不行，否则别说来自银河系之外的无数宇宙射线了，就是太阳平时发出的由各种能量射线组成的太阳风，以及太阳耀斑爆发时喷射的各种强能量，也能慢慢把地球大气层一点点吹走、剥光。前面说过，火星早期也是有大气层的，火星表面也是有过海洋湖泊的，现在为什么成了寸草不生的荒漠了呢？就是因为火星的磁场基本消失了，大气层慢慢被吹得几乎没有了，最终连海洋湖泊也都被宇宙射线给蒸发得一干二净。幸运的是，我们地球的磁场一直都那么强大，保护着大气层不被吹光，因为地球内部拥有一个熔融状态、以金属为主、始终转动的高密度巨大地核，所以地球磁场一直存在、不会消失。

地球磁场与宇宙射线、太阳风、太阳耀斑能量的战斗，几乎天天都在进行。夜晚，地球两极上空经常能看到美丽而巨大的极光，那就是地球磁场在与来自太空的高能宇宙射线在激烈战斗、努力把它们驱离地球哪！

如果不是地球磁场和大气层，我们连一分钟都活不下去。各种各样的宇宙射线会长驱直入，破坏我们的细胞和DNA。但是，一个硬币总是同时拥有两个面的。当条件具备时，坏事也会变成好事，杀手也会成为朋友。尤其是当人类中出现了科学家，科学家队伍中又出现了航天育种专家的时候，这些致命杀手——高能宇宙射线——也开始为人类服务了。

宇宙射线们原本对生命细胞和基因的杀伤作用，现在反过来要被航天育种专家们用来促发种子基因变异、催生全新作物品种，最终推进农业发展、造福人类社会了。

这，就是太空中“强辐射”这个重要特点的显著功用，也是人类将作物种子用航天器搭载上天的主要目的之一。

还有三个小特点

除了“微重力”“弱地磁”和“强辐射”这三个最重要最明显的特点外，地外宇宙空间还具备其他几个地球表面自然常态下难以出现的条件。比如，搭载着作物种子的航天器所处的环境，是几乎完全相当于空旷宇宙空间的真空状态的，偶尔也会有极其少量的大气分子，受到太阳耀斑强能量、遥远宇宙空间突然到来的强射线等的刺激后，会脱离大气层飘逸到超高空，但由于数量太少，不会对航天器和种子造成显著影响，所以可以忽略不计。这种情况，就是“高真空”。

再一个，就是“超低温”。大家都知道，距离海平面才 8800 多米的世界第一高峰珠穆朗玛峰，那上面都冷成什么样子了？最严酷的时候，温度会达到零下 60 摄氏度左右。而航天器呢，却普遍都在离地近则 200 千米、远则 500 千米左右的太空中高速飞行，那就完全处于宇宙空间零下 270 摄氏度的超低温度环境中了。当然，航天育种专家们不可能让种子直接暴露在这么冷的环境中，否则种子会被冻死的，即使不死，种子内部的各种生命活动也会暂时甚至永久终止，基因诱变工作就会没什么效果。（见图 31）

但是，航天器总体处于这样的环境中，肯定是与地面环境大不相同的。再考虑到这个环境中，不但冷到极致，而且还没有水份、没有大气、没有养料、没有压力、没有重力、没有磁场，又还时时处于宇宙射线的“密集扫射”中，昆虫、细菌在这里无法自然生存。所以，这里还是“极洁净”。

……

其实，真要深究起来，宇宙空间环境还有别的这样那样的特点。但对于航天育种科技来说，上述“三大特点”即微重力、弱地磁、强辐射，还有“三小特点”即高真空、超低温、极洁净，已经足够用来施展身手、大建功业了。所有这些大大小小的环境条件，有的可以通过科学家的努力和国家的经费保障，在地面高科技实验室中创造或模拟出来，但成本太高，维持时间太短，不具备大规模普及应用的显著价值，更何况有的宏观环境是在地面上根本就无法模拟出来的。

亿万年来，在地球表面诞生与繁衍的万千植物，受到某种异常刺激之后发生变异，是非常正常的。事实上，没有这样的刺激和变异，就没有现在地球上的美丽风景，也没有人类的日常食物。

但是，目前地球上的环境太稳定了。如果不发生大型小行星从天上一头撞下来这样的极端事件，如果人类不会爆发核战争相互猛丢核弹头进而导致核冬天[20]，如果仅凭地球板块运动来慢慢改变地壳地形地貌及大气成分和温度的话，那目前这种状态至少还要稳定保持很多很多万年。要想让某些植物基因在短时间内发生人类所希望的变异，那就只能把种子送到远离地球表面环境的地方去。

虽然卫星轨道尚不能算是真正的宇宙深空，连月球轨道都远未达到，但毕竟也是人类科学家现在能付出的最大努力了。

万事俱备的太空，已经等待人类好久好久了。那么，就让我们全力以赴，向太空进发吧！（见图 32）

[20] 核冬天，特指发生全球规模核战争、所有核武器同时爆炸后，将会在高空形成一层厚厚的由细微烟雾和尘埃组成的浓密“乌云”，包裹、遮蔽地球长达数周甚至数年，导致地面接收不到阳光而形成黑暗而冰冷的“长久冬天”，最终会使生物全部灭绝。6500 万年前小行星撞击地球导致恐龙灭绝的过程中，很多恐龙也是由于地球上出现了这样的“长久冬天”而死亡的。

【图 27】空间微重力环境

1. 宇航员在太空中会有失重的感觉，但这种失重其实是高速飞行产生的离心力与地球引力达成平衡所产生的效果。
2. 航天器中看似失重漂浮的各种物品，其实也是在高速绕地飞行，否则它们就会立即坠落。

3. 地球同步卫星看似在地球赤道上空某个固定位置不动，但其实也在高速飞行，其速度是中国五六式半自动步枪发射出的子弹速度的四倍。

【图 28】地球磁场

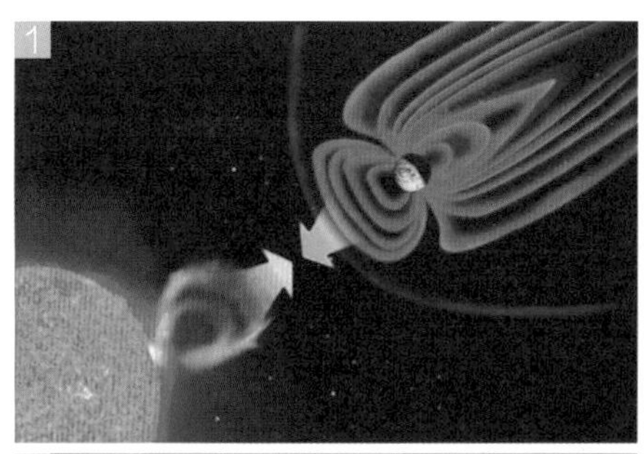

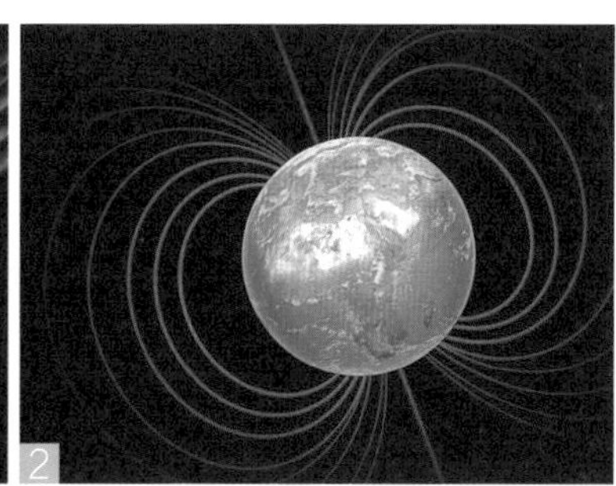

1. 地球磁场对抗“太阳风暴”示意图。
2. 地球磁场形态示意图。
3. 地球两极的美丽极光，其实是地球磁场与太阳风暴、宇宙射线在作战。
4. 高压高热、熔融旋转的地球内核，是产生地磁的根源。

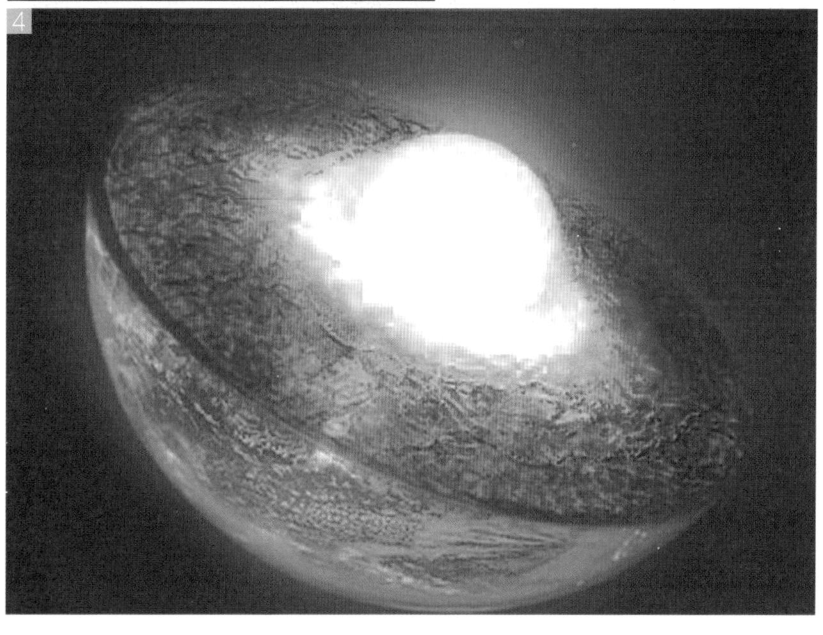

【图 29】红巨星与超新星

1. 几十亿年后，我们的太阳接近生命终点，将会变成一颗巨大的红巨星，吞没水星、金星后，把地球烤成一个岩浆球，甚至也会直接吞掉。希望那时我们后代的科技水平已经足够发达，能够成功移民到其他恒星系的宜居行星上去了。
2. 而大到一定极限的超大恒星死亡时会发生超新星爆发。本图是蟹状星云，是金牛座方向一颗超新星爆发后扩散而成的遗迹。公元 1054 年 7 月 4 日，它的爆炸闪光在飞行 6500 年后到达地球，被中国宋代一位天文学家发现并记录下来。当时它在天空中的亮度仅次于太阳和月亮。

【图 30】宇宙射线主要来源

1. 如果发生中子星、黑洞之类特殊天体之间的冲撞合并，就会爆发大规模的伽马射线暴，发出无穷能量。
2. 上百亿年来此起彼伏的超新星爆发，使得宇宙中始终有高能射线在四处穿行。超新星爆发后留下的中子星也会一直在向宇宙中发射高能射线。
3. 当恒星物质被黑洞扯碎吞没时，并不是瞬间掉入，而是先在黑洞赤道外围形成一个以接近光速旋转的高速高温吸积盘。受黑洞强磁场作用，部分物质会变成高能射线流，从黑洞两极以相反方向喷向宇宙空间。幸亏目前地球并没有被什么黑洞的某一极“瞄准”的危险。

【图 31】危险的低温环境

1. 火星由于内核冷却、磁场几乎消失，所以原始大气层基本丢光，只有以二氧化碳为主的稀薄大气，不但水分全部蒸发，而且表面平均温度极低。人类若移民火星，要么把自己包起来、罩起来，要么就得改造火星大气。

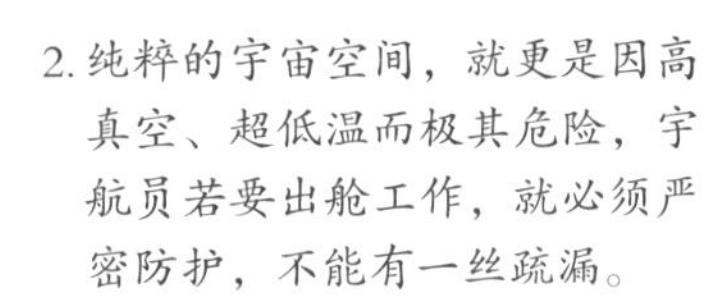

2. 纯粹的宇宙空间，就更是因高真空、超低温而极其危险，宇航员若要出舱工作，就必须严密防护，不能有一丝疏漏。
3. 美国科幻电影《火星任务》中，一位英勇的宇航员决定牺牲自我、拯救大家，于是毅然摘掉头盔，结果瞬间身体膨胀并马上冰冻而死。这是对宇宙空间高真空超低温危险的真实描述。

【图 32】奔向太空

向太空进发！人类历史上的全新篇章终于展开！

【第五章】

航天科技强劲助推

——火爆的太空生物实验场

人类从未放弃过“飞天”的梦想。但是，只有当科技发展到足够水平时，人类才开始真正离开地面、进入太空。先是苏联，后是美国等少数几个发达国家和地区组织。后来，中国紧随其后，开始打破个别国家的垄断、封锁和阻挠，向太空进发。在此过程中，一直都有植物种子甚至是植株本体伴随着宇航员们的身影，往返于天地之间。

人类为什么要上天

公元 1957 年 10 月 4 日，是人类历史上一个划时代的日子。

就在这一天，苏联成功发射了世界上第一颗人造地球卫星“斯普特尼克 1 号”。这个消息立即传遍全球，各国无不为之震惊，各大报刊都在显要位置用大字标题隆重报道——《轰动 20 世纪的新闻》《科技新纪元》《苏联又领先了》《俄国人又打开了通往宇宙的道路》……

其实，这颗圆球形状、铝质外壳、带有 4 根折叠杆式天线的卫星，直径只有 58 厘米，重 83.6 千克，并不算大。里面也没有什么像样的仪器，只是装了一块化学电池、一支温度计，还有一台双频率的小型发报机，而且只在太空逗留了 92 天，便“陨落”了。但是，这颗“小星”却“推动”了地球，带动了各国发展空间技术的步伐。它就像一粒火种，从宏观意义上点燃了人类航天科技这一“燎原之火”。

第一个既“气急败坏”又“鼓足干劲”追上来的，是历来视苏联为最大竞争对手，也是当时唯一有能力与苏联抗衡的美国。1958 年 1 月 31 日，美国第一颗人造地球卫星“探险者 1 号”成功发射上天。这颗卫星是圆柱锥顶形的，高 203.2 厘米，直径 15.2 厘米，重 8.22 千克，在太空中绕地球运行了 114.8 分钟。综合来看，这颗卫星各项指标远不如苏联的“斯普特尼克 1 号”，但却是美国航天科技发端起航的重要标志。

1961 年 4 月 12 日，苏联再次震惊世界，宇航员尤里·加加林[21]少校，乘坐世界上第一艘载人飞船“东方 1 号”，成功进入茫茫太空，用 108 分钟绕地球飞行一圈后，安全返回地面。美国虽然再次晚了一步并为此“大生闷气”，但好在不算太晚。苏联的尤里·加加林成功上天之后仅仅过了不到一个月，即 1961 年的 5 月 5 日，美国便匆匆忙忙地发射了载人飞船“水星号”，由航天员艾伦·谢泼德驾驶，来了一次“亚轨道”飞行，证明自己同样成为具备载人航天能力的国家。直到 1962 年的 2 月 20 日，美国才又发射了载人飞船“水星 6 号”，由航天员欧约翰·格伦中校驾驶，进入

[21] 尤里·加加林，全名尤里·阿列克谢耶维奇·加加林，1934 — 1968 年，白俄罗斯人，是第一个进入太空的地球人。1957 年结业于契卡洛夫第一军事航空飞行员学校，成为红旗北方舰队航空兵歼击机飞行员，1960 年被选为航天员。1968 年 3 月 27 日因飞机失事遇难，但具体死因仍众说纷纭。

真正的地球轨道，历时 4 小时 55 分 23 秒、绕地球飞行 3 圈后，成功返回地球，降落在大西洋海面。（见图 33、图 34）

此后的短短几十年时间，航天科技继续保持迅猛发展势头，重大成就不断涌现，那些看似“不可能”的高峰被人类科学家一个接一个地“攻占”。人类，成功达到了从未达到的科技文明巅峰；航天科技，就此成为 20 世纪最伟大的科技成就之一。

不可否认，当时的苏联和美国不遗余力推动航天科技发展，主要是为了满足国防军事的需要，带有“高科技军备竞赛”的强烈色彩，包括美国“阿波罗”飞船连续 7 次实现登月飞行，起初也都有这样的目的。但随着人类社会逐步进入以和平与发展为主题的全新阶段，随着其他国家和地区科技水平迅速提升、迎头赶上，航天科技开始脱离单纯为“打败对手”而存在的“原始动机”，越来越多地被赋予其作为人类文明结晶所应当具有的本来意义。

中国明朝的万户陶成道的伟大，在于他试图实现“返回式载人飞行”这样的创举。而这，也是全人类的一个共同梦想。600 多年后，陶成道的“遗愿”由苏联和美国率先实现。现在，宇航员已经能够借助航天飞机、轨道舱、空间站等航天工具，在太空中连续生活数百天，或者借助航天服的保护，在舱外空间环境中行走、工作，并且逗留好几个小时。就连整天在天上狂拍宇宙空间、不打算再返回地球的哈勃[22]望远镜出现故障后，也是由宇航员乘坐航天飞机，上去现场维修的。至于派宇航员或志愿者长途奔袭、登陆遥远的火星，也已经在科学家们的设想、设计甚至实验之中了。

地球的资源，终有一天会耗尽，而宇宙中却有着取之不尽、用之不竭的巨大储备。如果再把目光看得更远一点，人类已经在替自己的后代担心了，因为地球可能会遭受巨大小行星的撞击，消灭地球表面的一切，包括人类；或者，很多万年以后地球还会因地壳变动、大气变化等原因，导致植物无法生存、人类无法生活；再或者，几十亿年之后太阳将因内部核能源消耗殆尽，核聚变永久停止，进而演变为一颗巨大的红巨星，并在彻底死亡、遗骸变成一颗小小的白矮星之前，将周围的水星、金星、地球、火星等行星全部烤焦或吞掉。

人类的出现，是宇宙中的一个奇迹。这个奇迹还将存在很长时间，但却未必就是永远。所以，会思考的人类就一定会想，尤其是对宇宙逐步了解之后就更是在想，必须走出地球、飞向太空。只有在近则月球、中则火星、远则其他恒星周围的行星上，建立永久性的、能够允许人类在那里自主工作、生活并顺利繁殖的移民根据地，人类才能在真正意义上实现自身的永久繁衍和文明的永久延续。

这便是人类航天科技在脱离纯粹军备竞赛的“初级朴素动力”后，依然能够保持强劲发展势头的宏观动因。当然，这其中依然有“竞赛”，但已经不再是起初那样火药味十足的“剑拔弩张”了。

---

[22] 哈勃，即美国天文学家爱德温·哈勃，1889 — 1953 年，是研究现代宇宙理论最著名的人物，观测宇宙学的开创者、银河外天文学的奠基人。他发现了银河系外星系的存在，并提供了宇宙膨胀的实例证明。哈勃望远镜就是以他的名字命名的。

真正的“先驱”是小狗

总之，人类不但盼望能够飞出大气层、在太空中转上几圈，而且还打算在太空中长期生活。但是，太空其实并不是一个友好的安全环境，实际上是充满杀机的，简直就是“步步惊心”，似乎是完全不欢迎人类的到来。人类在天上稍不留神，就有性命之虞。

当然，熟知太空各种危险性的科学家们，都是尽可能地做到考虑周全、谨慎行事的。再说，培养一名普通的战斗机飞行员，所花费的资金换算成黄金的话，几乎与其体重相当，而培养一名合格的宇航员成本之高，就更不用说了。所以，每一个宇航员都是人类尖子中的尖子、宝贝中的宝贝，不能轻易让他们去进行没有把握的“冒险之旅”。即便如此，多年来牺牲在航天过程中的宇航员，早已不是个位数的概念了。

所以，第一次乘坐航天器进入太空的“地球生物”肯定不是宇航员，而是动物。具体讲，是苏联的一只雌性小狗，名叫莱卡。在熟知这段历史的人当中，尤其是在航天爱好者当中，甚至可以说对全人类来讲，莱卡都能称得上是一位响当当的“航天英雄”。

那是苏联成功发射人类历史上第一颗人造卫星一个月后的1957年11月3日，苏联又发射了第二颗人造卫星。不同的是，这回的卫星上不再只是装有电池、发报机等几个简单设备了，而是搭乘了一个鲜活的地球生物，即3岁的小狗莱卡。

发射前，科学家们在莱卡身体表面和皮下都安装了感应器，用来监测呼吸和心跳；进入太空后，这些传感器及时将数据传回地面。莱卡被放在一个专门设计的加压密封舱内，密封舱固定在火箭顶端，里面还有一个摄像头对着莱卡。

可惜的是，小狗莱卡没能活着回到地面。由于科学家们当时不具备也不可能具备成熟的宇航服设计经验，制作宇航服的材料、工艺也都不像现在这么先进，连隔热问题都没有完全解决。结果，莱卡成功飞上太空才 5 个小时，便死于中暑衰竭，同时还有极度的惊恐。那颗卫星发射升空时间不长，莱卡脖子上的医学传感器传回地面的数据，就已经清晰显示出莱卡的心率达到平时的 3 倍，而且承受着超常的压力、震动、轰鸣、高温，最终在痛苦中“壮烈牺牲”。

莱卡的牺牲是无价的。它在其太空之旅也是它生命的最后一段旅程中，虽然经受了极度的痛苦，但却证明了哺乳动物能够承受火箭发射后一段时间内的严酷环境；如果保障系统充分完善，那人类宇航员也就一定能够熬过发射期间的严酷考验，顺利飞入太空。莱卡牺牲之后不到 4 年，宇航员尤里 · 加加林成功飞天，一举成名。

而莱卡，只是为人类探索太空而代为拼搏甚至英勇牺牲的一长串动物名单中的一个。事实上，就在莱卡之前，也有美国等国家做过送猴子、猩猩等动物上天的试验，有时用的还是最老式的、当初由纳粹德国制造的 V2 火箭。这些动物有的牺牲了；有的活下来了，还成了明星。但是，它们普遍没有像莱卡那样如同一个标准的人类宇航员，成功地在太空中作绕地飞行。而是要么牺牲在发射之际，要么只是朝上飞了几十千米，并未成功进入真正的太空。

所以，第一个作绕地空间飞行的地球动物，就是莱卡。当然，人类也没有忘记这位小英雄。莱卡牺牲的当年，苏联就为它发行了纪念邮票。后来，莱卡成了苏联一种香烟的商标，还上了莫斯科一座纪念碑。1997 年，俄罗斯人在莫斯科郊外的航天和太空医学研究所，为莱卡建立了一个纪念馆。当年，莱卡和另外 9 只狗就是在这个地方接受训练的，然后它被选中去进行危机四伏的太空之旅。如今，世界上至少还有 6 首歌是专门为莱卡而写，深情描述它孤独的单程太空之旅。（见图 35）

当我们仰望太空的时候，当我们或者我们的后代能够自由而安全地在太空中飞行的时候，谁都不应该忘记，有一条名叫莱卡的英雄小狗，为着人类探索太空、征服宇宙的梦想，献出了自己幼小的生命。如果它还活着，就一定会在某个航天器里，冲我们欢快地叫嚷。它一定是在兴奋地说：“嗨，人类，你们来晚喽！”

全新学科在天上创立并发展

莱卡上天这件事的意义之大，还在于它是航天科技一个重要分支,即“航天生物学”的正式开端，随后又发展扩张成为“空间生命科学”这个全新学科。这是人类走出地球、迈向太空伟大征程中的必然,所以莱卡这样的“动物太空之旅”,不会只有一次,事实上从来就没有停止过。

尤其是在航天科技上一直走在世界前列的美国和苏联，以及苏联解体后的俄罗斯。自1966至1970年，美国先后发射了3颗专用生物卫星，用于开展空间生命科学研究。被送到太空用作实验的地球生物，既有短尾猴这样的哺乳动物，也有面粉甲虫这样的昆虫；既有阿米巴菌，也有蛙卵……后来，美国不再发射专用生物卫星了，而是利用其他航天器，比如“水星”系列飞船、“双子星”系列飞船、“阿波罗”系列飞船、天空试验室、航天飞机等，继续拓展和深化此类研究。

被美国科学家送入太空的地球生物，种类、数量都非常多，因为美国人什么都想试试，似乎他们的后代将来离开地球、向太空移民时，肯定是要把所有种类的地球生物及能够维持生物生命的重要材料，都给带走的。1991年6月5日，美国“哥伦比亚号”航天飞机上天时居然携带了29只老鼠，还有2478只水母，进行了大规模的微重力条件下生物生长试验。没错，就是水母，而且还那么多!

就连人类将来在太空生活时，是否会像在地球上那样被寄生虫侵袭、寄生虫能否在太空存活，美国人都开始研究了。1992年1月22日，美国航天飞机上天时，为了进行空间骨骼脱钙过程测定、活体组织对微重力和空间辐射反应试验，一次就携带了3200万个小鼠胚胎骨细胞、30亿个酵母细胞及一大堆果蝇[23]、细菌、黏霉菌、青蛙卵、仓鼠肾细胞、人体血细胞，然后还有7200万

[23]果蝇，一种很小的昆虫，广泛存在于全球温带及热带气候区，在家庭、果园、菜市场内都不难见到。除南北极外，至少有1000个以上的果蝇物种被发现，大部分以腐烂水果或植物体为食，少部分则只以真菌、树液或花粉为食物。果蝇只有4对染色体，数量少而且形状有明显差别；性状变异很多，比如眼睛的颜色、翅膀的形状等性状都有多种变异，因此常常被用来从事遗传学研究。

条蛔虫！估计当时负责养殖和提供这么多蛔虫的“个体户”，一定是大发一笔横财了。后来，美国人还在太空中孵化出了蝌蚪、鳉鱼苗、水螈苗等很多奇奇怪怪的动物呢！

那段时间的苏联，原本就是人类航天科技的“领先者”，在空间生命科学研究方面当然也不会甘拜下风。自 1966 到 1989 年，苏联一共发射了 11 颗专用生物卫星，后来在他们的“礼炮号”空间站、“和平号”空间站上也进行了大量的空间生命科学实验，而且动植物种类也不少，比如小狗、酵母菌、大肠杆菌、苍蝇、果蝇、甲虫、田鼠、乌龟、大白兔、恒河猴、淡水鱼、蝾螈、水藻等。

在此期间，美苏这两个原本的“死对头”，终于携手合作了。1975 年 11 月 5 日，苏联发射了“宇宙 782 号”生物卫星，与美国首次进行航天生物实验合作，共携带了 14 种“试验者”，其中甚至还有小龙虾和被植入癌细胞生物组织的果蝇等。

再次强调，美国和苏联大量进行这样的空间生命科学研究，主要目的是着眼人类向太空移民的长远战略需求，解决人在太空和其他星球长期生存的一系列相关问题，其研究重点主要有：地球生物能否在太空中生存；太空条件下地球生物后代的变异；利用生物链循环解决再生水、再生氧及垃圾处理问题，创造可以长期生存的小环境；探索航天医学、航天心理学面临的新问题及治疗和处理方式；研究空间制药的可能性，等等。

还有一个问题，一个最基本、最重要，不论是受过专门训练的宇航员，还是将来飞向宇宙深空、再不回头的男女老少，以及大家携带的各种动物，都将面临的问题，也就是人类从诞生那天起就面临的老问题：吃饭。

宇宙飞船上天之前，直接装上可供船上人和动物长期消耗的粮食、蔬菜及肉类，是完全不可能的。如果是飞向月球，那还可以；要是飞向火星，得一年多，就已经行不通了。假如打算飞向太阳系外其他恒星系行星，要飞数万年、数十万年，人类都要在飞船上繁衍好多好多代了，那更不可能从地球上出发前把食物带够。

这完全不现实，因为火箭会飞不起来的。比方说即便费尽九牛二虎之力，带上一百万麻袋小麦，如果有人不吃面食的话还得带上一百万袋大米，然后还得带上十万袋咸菜、五万袋牛肉干、两万袋脱水蔬菜，就算进入太空了，那飞船也走不了多远，因为当需要加速到极高速度，比如接近光速的时候，飞船上的每一克重量，说大点包括每一粒大米，都会如同整个地球那样“质量庞大”；把这么重的物体的速度再提高一点点，就得消耗巨大量的能源。就是说，带粮食越多，带燃料就得更多。那就可以断定，把整个地球都变成火箭，也行不通。

所以，只能让飞船上的人们，一边高速飞行、欣赏宇宙风光，一边还得学会种地种菜、养花养草。如果能够成功登陆某个行星，哪怕是离地球最近的火星，并在那里居住、工作和生活，那同样也得在那里种地种菜、养花养草。前提是，得搞清打算种在那里的种子们，能否熬过空间飞行的漫长时间和空间环境的严酷考验，并能适应火星上的各种自然条件。哪怕是在火星上的“特殊温室”中成长，那也得适应那里的特殊引力、磁场等与地球表面完全不同的条件。

这可是件大事。所以，科学家们从航天科技萌芽、起步的那一刻起，就在考虑这个问题，并且着手进行探索研究了。探索研究的第一个对象，也可以说是永远的对象，只能是一样东西：种子，地球植物的种子，尤其是人类可以吃、可以用的植物的种子，有时还有幼苗。

美国自1966年发射第一颗专用生物卫星开始，就在上面搭载有植物和植物种子了。后来，又利用其他系列飞船、航天飞机等航天器，搭载了燕麦、小麦、扁豆、松树等植物的种子、幼苗，进行研究实验。苏联自1970年发射升空的“宇宙368号”生物卫星起，也开始搭载各种植物和植物种子，甚至连烟草种子都送到太空去研究了一下。

由苏联于1976年2月17日开始建造，于2001年3月23日寿命终结、坠毁于南太平洋的“和平号”空间站，在其历时15年的太空绕地飞行过程中，先后有31艘“联盟号”载人飞船、62艘“进步号”货运飞船与其对接，还9次与美国航天飞机对接；先后有28个长期考察组、16个短期考察组在上面从事科学考察研究活动；共有12个国家的135名宇航员在上面进行了大量的生命科学实验、空间材料学实验和医学实验。

令人称奇的是，宇航员们竟然在“和平号”空间站上建立了一间名为“拉达”、面积为900平方厘米的小型温室，虽然面积不大，但依然种植了100多种植物，完成了播种、发芽、生长、开花、结果的全过程，而且还如愿以偿地收获了粮食作物的代表——小麦，还有经济作物的代表——油菜！

“和平号”空间站完成历史使命、坠入南太平洋以后，代之而起的是由16个国家和地区组织共同参与建设的国际空间站。事实上，国际空间站在“和平号”运行期间就已经开始建造，陆续建造完成并投入使用后还与“和平号”对接过。与“和平号”相比，国际空间站规模更大、水平更高，能够完成的科学研究项目也更多。

其中，当然包括空间植物生命研究，这是旨在解决宇航员太空生活，尤其是未来星际航行期间吃饭问题的重大课题。目前在做的，就是自2014年5月开始的种植蔬菜工作。一年多以后的2015年8月，生活在国际空间站里的宇航员们，笑眯眯地又略带紧张地张开嘴，咬出了人类历史上具有纪念意义的一口——他们首次品尝了在太空种植出来的生菜！（见图36）

还记得1969年7月16日登上月球的美国宇航员尼尔·阿姆斯特朗吗？那天下午美国东部时间4时17分42秒，他伸出左脚，小心翼翼地踏上了月球表面，这是人类第一次踏上月球。当时，阿姆斯特朗感慨万分地说了一句著名的话：“这是我个人的一小步，却是人类的一大步。”

现在，我们可以把这句经典之语，套用在国际空间站上那些第一次在太空中吃自种生菜的宇航员身上了，他们完全有资格说：“这是我个人的一小口，但却是人类的一大口。”不过，这些洒上浓橄榄油和香醋的生菜叶子虽然很好吃，宇航员们一尝就说“味道好极了”，但他们可没舍得把这些好不容易才种植成功的生菜全部吃掉，而是留下一半，冰冻起来，返回地球后供地面科学家再作进一步的深入研究。

其实，国际空间站在2014年就种植成功生菜了，但当时没敢直接让宇航员吃，因为不知道这些生菜发生过什么看不见的甚至有害的变异没有，所以就全部带回地球。好在这第一批生菜全部通过安全检测了，第二批才敢让宇航员分吃。目前，国际空间站里所种植的蔬菜，不光是生菜，还有西红柿、草莓等其他品种，据说种植范围还将进一步扩大。

对遥远而漫长的太空旅行来说，这是非常重要也非常正确的一种探索。如前面所说，探索太空的宇航员们要想在飞离地球后能够长期生存下来，就必须自己种出吃的东西来。哪怕是去火星，要想靠地球上的“大本营”定期派飞船往返运送补给品，是完全不可能的。所以，国际空间站种植蔬菜成功，是往既定方向迈出的一大步；那几位幸运的宇航员朝生菜咬出的那一口，也确实是往既定方向咬出的一大口。

中国历来不怕被封锁

毫无疑问，在探索太空、推进空间生命科学发展上，西方国家动手早、规模大，而且探索的目标是着眼于几十年、上百年甚至千万年以后人类朝宇宙深空，至少也是火星，大踏步进发的需要了。

注意，在此过程中，个别先进国家，尤其是在某些综合性大型航天探索活动中起主导作用的国家，出于某种不那么阳光的心理，一直在很坚决地做一件事，就是阻止中国加入进来。比如国际空间站项目，参与国家和地区组织已经多达16个，却不肯让中国参与。明明知道中国的航天科技水平已经稳居世界领先水平、一定能够在国际性的航天科技合作中为全人类做出巨大贡献，却一方面暗地里羡慕嫉妒恨，另一方面依然“以实际行动”阻止中国参与。

然而，这样的封锁不但是错误的，而且是无用的。新中国有部老电影，名字叫做《创业》，描写刚解放时中国的石油人咬紧牙关、自力更生打翻身仗的故事。电影开头，那位即将撤离中国的外国专家，对着一身正气、毫不退让的中国石油工人，恼羞成怒地冲着放在地上的“美孚”牌煤油桶狠踢了一脚，然后大声叫嚷：“我们会封锁中国沿海，叫你们活不下去！看，美孚！没有美孚，你们只是一片黑暗！”

结果如何呢？正如《创业》所描写的那样：“我们中国人，是有骨气的。”“封锁吧，封锁个十年八年，中国的一切问题都解决了！”在石油问题上是这样，在航天科技上更是这样。几十年来，越来越火爆的太空实验场上，一直都有大写的“中国”在闪耀，而且这种闪耀早已跨越了“点点星光”的层面，拓展到“繁星满天”甚至“光芒四射”的程度了。

让我们把问题再想得深刻一点。西方国家在航天科技上投入的主要精力，以及所坚持的方向，并不能够解决当前以及今后很长一段时期内地球上的人类生存、生物稳定、生态健康、土地及环境安全等多个领域所面临的紧迫难题。他们的研究，商业色彩过于浓厚，所谓“着眼人类未来向太空移民”这样的理由，常常只是听上去很“高大上”罢了。

比如，“移民火星”是西方国家发展航天科技的一个“重要目标”。但是，如果把眼光回放到地球上，类似于火星表面的沙漠戈壁荒地荒原，面积极其庞大，而且普遍难以得到有效开发和利用。那么，是开发遥远的火星地表并移民上去生活容易，还是就近改造这些地球上的“疮疤”，使地球变得适宜于人类生存更容易呢？结论显而易见。

再比如人类当前面临的吃饭问题，虽然有的发达国家粮食生产早都成为纯出口型，但饥饿问题依然在世界很多国家和地区大量存在。那么，是花大价钱在太空中种植几样蔬菜、仅能满足一小批宇航员重要，还是从发展育种科技着手、从根本上解决全人类的吃饭问题更重要呢？结论同样显而易见。

中国不是这样。中国的航天科技，从研发运载火箭开始，最初同样主要是为了壮大国防军事力量，而且是在苏联大兵压境，甚至在核讹诈[24]的巨大压力下，不得不全力上马的。而最近这几十年，中国的航天科技却主要是为着自己的人民，进而为着解决整个地球的环境改造问题、整个世界的人类吃饭问题而推进和发展的。

所以，同样是航天科技，中国不但在载人航天、月球及火星

[24] 核讹诈，是指拥有核打击力量的某个国家或军事集团，利用其拥有的核武器，对其他国家或地区组织进行的、以核攻击为依托的恐吓、威胁等行为。新中国成立后，曾先后遭遇过其他国家的核讹诈，但中国都没有屈服。

探测等关键重大技术水平上已经毫不落后，而且走的是一条最具有普适价值的务实之路；同样是空间生命科学，中国不但在保障宇航员生存生活上已经毫不落后，而且开辟了一个连接太空与地面、未来与现实、本国与全球的全新领域，那就是航天育种。

在这方面，中国已经独步全球，遥遥领先；不但正在对中国的农业发展产生了深远的影响，而且越来越多地吸引了来自世界各地有识之士、农业专家、政府首脑的高度关注。没有人敢于否认，中国虽然是发展中国家，但却同样也是航天科技大国了，而且是对人类生存发展最具有责任心的国家。

抬头看看头顶的茫茫天空吧！那上面，有无数来自中国大地的作物种子乘坐着中国制造的航天器，在自由飞翔！

【图 33】人类航天开始了

1. 苏联发射上天的世界上第一颗人造地球卫星外观及内部结构。
2. 加加林乘坐的“东方1号”载人飞船成功降落地面。
3. 第一个成功进入太空绕地飞行的苏联宇航员尤里·加加林。

【图 34】美国航天起步

1. “探险者 1 号”发射成功后，美国的“火箭之父”冯·布劳恩（站立者右一）等专家在新闻发布会上将“探险者 1 号”的全尺寸模型举过头顶。冯·布劳恩，就是纳粹德国 V1 和 V2 火箭的主要研制者，二战结束时率科研团队投降美国，后加入美国国籍。后来运送“阿波罗”飞船登月的“土星号”火箭也是他主持发明的。在他去世后首次成功飞行的航天飞机，也是在他手中启动研发。

2. 1958 年 1 月 31 日，美国用“朱诺 1 号”运载火箭将自己的第一颗人造地球卫星“探险者 1 号”成功发射上天。
3. 首次离开地球进行亚轨道飞行的美国宇航员谢泼德。
4. 真正进入绕地轨道作太空飞行的美国宇航员格伦。36 年后的 1998 年，他以 77 岁高龄乘“发现号”航天飞机再次成功进入太空。

【图 35】航天小狗莱卡

1. 莱卡在接受训练。
2. 莱卡就是这样坐在飞船中飞入太空。
3. 莱卡作为第一个成功进入太空绕地飞行的地球生物，一直受到人们的怀念。图 3A 是莱卡的雕塑，至今还经常有人前来为它献花。图 3B 是当时发行的纪念邮票。

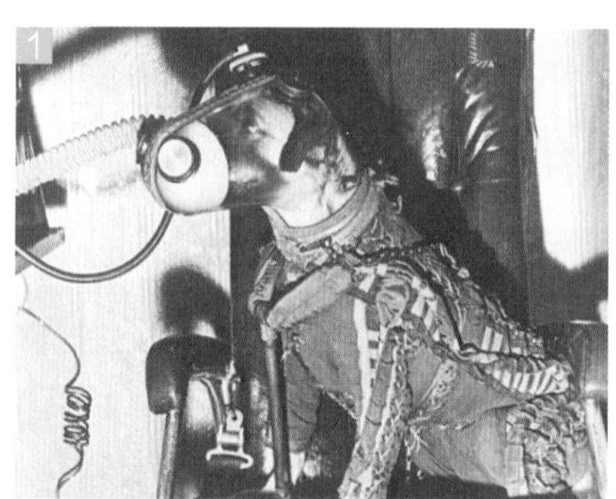

【图 36】太空蔬菜

1. 宇航员们在国际空间站内进行了大量蔬菜种植实验。

2. 国际空间站是人类航天科技发展的重大结晶。但是，美国却总是在阻止中国参与国际空间站建设和应用，甚至阻挠其他国家和地区组织对中国的邀请。但是，我们中国人前进的脚步，是任何国家和组织都封锁不了、阻挡不住的。

【第六章】

我们一直在领跑

——特殊国情，特别决心

当其他国家的航天事业步速放缓、只是在少数领域继续领先时，我们中国却异军突起，大跨步向太空迈进，迅速成为了当之无愧的航天大国。就在这个不断震惊世界的过程中，由于中国特殊国情的需要，我们的航天育种事业也同样在飞速发展，毫无悬念地遥遥领先、独步全球了。

中国航天后来居上

拥有了强劲的航天科技实力助推，便拥有了航天育种科技的全面腾飞。那么，我们中国的航天科技，目前在全世界处于什么地位呢？简单说，那就是“迅猛崛起，世人瞩目”。

2016 年 9 月 15 日，是中国传统的中秋佳节，也是中国人望天赏月、向后代讲述嫦娥飞天入驻月宫神话故事的日子。就在这一天的 22 点 04 分，中国在酒泉卫星发射中心用“长征二号”FT2 大型运载火箭，将“天宫二号”空间实验室成功发射上天。

“天宫二号”是我国首个真正意义上的空间实验室，全长 10.4 米，最大直径 3.35 米，太阳能电池板翼展宽约 18.4 米，重 8.6

吨，由实验舱、资源舱两大部分组成。它的主要任务是，接受“神舟十一号”载人飞船的访问，完成航天员中期驻留，考核面向长期飞行的乘员生活、健康和工作保障等相关技术；接受“天舟一号”货运飞船的访问，考核检验推进剂在轨补加技术；开展航天医学、空间科学实验和空间应用技术，以及在轨维修和空间站建造运营技术验证等关键试验。我们完全可以说，“天宫二号”任务艰巨、使命重大！（见图 37）

“天宫二号”发射上天是本次中国载人航天飞行任务的重要内容，更是中国航天科技发展、太空探索历程中的重要步骤。在此过程中，中国航天在相对较为薄弱的综合基础上，从无到有，由弱到强，取得了一个又一个令世人瞩目的重大成就。

1970 年 4 月 24 日，新中国第一颗人造地球卫星“东方红一号”被成功送入太空。2003 年 10 月 15 日，38 岁的航天员杨利伟[25]乘坐“神舟五号”载人飞船成功飞入太空，绕地飞行 14 圈，经过 21 小时 23 分、60 万千米的安全飞行后，顺利返回地面，成为浩瀚太空中第一位来自中国的探索者。（见图 38、图 39）

从第一颗人造卫星发射上天，到第一位航天员进入太空，中国只用了 33 年。从航天英雄杨利伟开始，中国先后进行了 6 次载人航天飞行，共有 14 人次的航天员巡游太空。

[25]杨利伟，是中国培养的第一代航天员之一，又是中国进入太空的第一人。辽宁省人，大学文化程度，中国人民解放军少将军衔，特级航天员。历任中国航天员科研训练中心副主任、载人航天工程航天员系统副总指挥，中国载人航天工程办公室副主任。2003 年 10 月 15 日北京时间 9 时，杨利伟乘由“长征二号”F 火箭运载的“神舟五号”飞船首次进入太空，象征着中国太空事业向前迈进了里程碑式的一大步。2014 年 9 月 15 日，太空探索者协会第 27 届年会在北京闭幕，杨利伟被授予列昂诺夫奖。

然而，发射卫星、送人上天，只是中国航天所开辟的多个太空探索领域之一。这些领域，长期以来都是欧美发达国家“傲视天下”。而现在，中国航天正在以“火箭速度”追赶上来甚至开始超越了。

就连发达国家引以为傲的月球探测，中国也已立下与之并驾齐驱、逐步赶超的雄心大志。2003 年 3 月，中国正式宣布启动分为“无人月球探测”“载人登月”和“建立月球基地”三个阶段的月球探测工程，其中作为第一阶段重要内容的“嫦娥一号”“嫦娥二号”月球探测卫星，尤其是同时携带月球表面软着陆器和“玉兔号”月球表面探测器的“嫦娥三号”月球探测卫星，分别进行了绕月探测、登月探测等多项重大实验；后续的“嫦娥四号”“嫦娥五号”和其他探测器，还将实现“月球表面自动采样”“在没有发射场的情况下从月面起飞”“在 40 万千米外月球轨道上进行无人对接”“用接近第二宇宙速度的高速度返回地球”等重大创举。从技术上讲，中国目前已经具备了载人登月飞行的基础。而更加遥远的火星，也已经被中国“锁定”，中国航天的火星探测计划已经于 2016 年 1 月 11 日正式获准立项。到 2020 年，中国第一个火星探测器将被发射上天，奔赴火星，并将登陆火星表面。（见图 40、图 41）

现在，世界上已经没有人再质疑中国“航天大国”的资格了。就在“天宫二号”发射上天之后不久，美国媒体得知，这只是中国未来更大航天计划的新一轮开端。主要是，中国这次发射“天宫二号”将进行在轨维修和空间站技术验证等实验、完成建设中国空间站之前的最后一次全面技术验证。美国媒体进而又得知，中国的空间站将在2020年前后建成，而且空间站总体构型先进、规模巨大，分一个核心舱、两个实验舱，每个舱都是令人咋舌的20吨级，全站可以对接一艘货运飞船、两艘载人飞船和两个实验舱，还有一个供航天员出舱活动的出舱口，完全就是一个可以与各个国家进行太空合作的“国际范儿”基地化大型空间站了。

于是，美国媒体便自然而然地想到，苏联发射上天、后来由俄罗斯接管的“和平号”空间站，已经陨落了；目前由美国主导、共16个国家和地区组织参与的国际空间站，也快到了“寿终正寝”的时候了；中国的运载火箭越来越发达，航天器返回技术也越来越先进，而美国的航天飞机“已经没有了”；中国的载人航天，马上就要登陆月球了，火星那边也要派去探测器了。再过几年，太空中将只有中国的大型空间站在太空中运行和工作了。据说欧洲的一些宇航员已经为此开始学习中文了！而美国呢？2011年美国国会以“国家安全”为由出台的那条“歧视性”条款，即“禁止美国航天局与中国有任何合作”，却还在执行当中。于是美国媒体便感叹说：“美国以外的国家，纷纷开始与中国合作了。”“美国应尽早与中国在太空领域开展合作。如果不尽快改变现行的不合作政策，美国将会丧失对中国未来太空计划一切可能的影响力。”（见图42）

重大趋势正在显现，这就是那边已经“总体上趋于放缓”，这边却在“拼搏中全面赶超”。假定欧美国家掌握的那些依然遥遥领先全球的航天科技尖端技术，比如过去的载人登月、现在的火星探测甚至太阳系外探测等，是着眼于人类未来上万年甚至几十万年以后的“长远需求”；那么中国的航天科技，不但同样体现出对地球安全、人类发展的战略性责任感，而且早都已经在解决人类当前生存、地球当前危机等方面脚踏实地、持之以恒地付出努力，并且取得成就了。这种努力和成就，不但开始造福本国人民，而且已经影响全球。

我们为何特别重视航天育种

这其中，最值得称道的便是空间生物科学领域的一个分支——航天育种。中国航天科技的迅猛发展，为中国航天育种科技产业飞速进步、全面扩张、逐渐成熟、进入应用、造福人类，提供了前所未有的“强劲推动”。在这件事情上，中国航天，以及中国航天背后的领导层、决策者，所表现出来的务实态度、负责态度，在全球范围内都是首屈一指、无人可比的。也正是这种可贵的态度，使得中国航天育种科技后来居上，遍地开花，毫无悬念地迈进到领跑全球的水平了。

关于航天育种的定义，我们前面已经探讨了许多。概括起来说，就是利用载人飞船、返回式卫星、空间实验室、空间站等航天器，将植物种子带出大气层、带到数百千米高的天上，利用太空环境中同时存在、但地面上难以同时模拟的那些特殊条件，诸如微重力、弱地磁、强辐射、高真空、超低温、极洁净等，诱发种子基因发生变异。当然，送种子上天、让基因变异，只是航天育种科技的第一步；种子返回地面后，还有复杂、艰难而漫长的地面选育工作要做。这个，我们后面还要专门叙述。

诚然，正如上一章我们所讲的那样，欧美国家如美国、苏联，以及后来的俄罗斯等国，早在20世纪60年代就充分认识到太空环境能够诱发植物种子基因发生变异的独特优势，为了宇航员及未来地球星际移民在太空中长期生存和生活的需要，他们开始用各种航天器携带植物种子上天，而且已经能够在国际空间站中成功培育出生菜，宇航员们都已经可以在太空中蘸着佐料吃这些生菜了。

但是，太空种子返回地面后，能否按照变异后的基因特征，尤其是人类需要的那些优质特征一代代遗传下去，成为全新的作物品种，改良农业、扩大生产、增加收获，那些发达国家并没有去做更多的研究探索，有的只是浅尝辄止，小试牛刀。

他们的科学家，早已知道并且确实发现，植物种子在太空期间几乎都要发生基因变异。20世纪，苏联和美国的科学家都曾用返回式卫星将植物种子搭载上天，结果惊喜地发现返回地面的种子，染色体畸变频率有较大幅度的增加；美国曾把番茄种子送上太空，在随后进行的地面试验中也成功获得了变异后的全新番茄，而且没什么毒性，完全可以吃。后来的俄罗斯，也曾把经常用来做圣诞树的几种松科云杉类植物的种子送入太空，之后便在西伯利亚等地区大面积种植，发现去过太空的“圣诞树”都长得更加高大。到2002年6月，美国的威斯康星大学空间实验室就开始有意识地进行植物基因空间诱变工作，把玫瑰、大豆送上太空，希望能获得玫瑰油含量更高的新种子、长势更好的新土豆。

现在回过头来看，这些国家都没有在这方面成体系、上规模。主要原因是，这样的研究探索非常耗时耗力，见效很慢，不符合所谓发达商业社会所看重的“小投入大产出、快投入快产出”这样的基本要求。或者说，如果要用几年时间去试播、培育、筛选一粒种子，还不能确定它能否稳定遗传、形成新种，也不知道它能够产生足够规模效益的话，那些资本家、投资商是不会感兴趣的。至于世界上是不是还有大批的人因为种子不行导致粮食生产落后而吃不饱饭，地球上是不是还有大片的沙漠荒地、戈壁烂滩需要使用全新植物品种去绿化改良，他们是不太操心的，顶多是让自己的科学家试验性地搞一搞，填补一下该领域的空白，搞一点技术储备，就差不多了。

美俄等航天大国，之所以会这样对待航天育种科技，还有一个重要原因是这些国家普遍人口相对较少，可耕土地很多，而且农业管理方式、农业科技水平本身就很发达，农作物产量大、品质高，自己吃不完还忙着出口，所以短期内不会有大规模发展航天育种科技产业的内在紧迫感。尤其是送种子上天与播种子下地，两者不是一回事。前者不容易，后者更艰苦。如果没有整体性的举国需求，那就不会有太多的人去做。

真正为此而高度负责的，只有中国。

1987 年 8 月 5 日，我国第九颗返回式科学试验卫星成功发射。与以往人类进行的同类试验不同，这次被有意识地放了一批水稻和青椒等农作物种子在上面。这些种子，就这么破天荒地来了一场不花钱的太空之旅。其实，当时科学家们也不完全是从“选育优种”的角度去进行的，而是想看看空间环境对植物的遗传性是否有影响、会有什么样的影响。

没想到，科学家们拿到返回地球的种子，并进行了一系列新的科学试验后，惊喜地发现，上过天的种子中，果然发生了一些意外的基因遗传变异。更关键的是，其中有些变异，正是人类一直期盼的。中国的航天育种科技研究就此发端，并迅速繁荣、独步全球。

当然，中国之所以能够在这方面领跑世界、形成产业，并开始推动现代农业特别是现代种业向更高层次迈进，既是中国航天科技发展到世界领先水平时的必然结果，更是解决人口众多、耕地偏少、粮食短缺等现实问题的紧迫需求。

不这样不行啊！我们中国，是世界上首屈一指的人口大国、农业大国，可耕地面积原本就不多。看看中国地形图，西北的大片沙漠，西南的大片高原，都不是能够盛产粮食之地。中国的可耕地面积在国土总面积中所占的比例，本来就在世界各国中是很低的。

而中国的人口呢，却又是世界上最多的，这就导致人均耕地面积更少了。按照 2009 年底的统计，我们的人均耕地面积仅为约 1000 平方米，不足世界人均耕地面积 2300 平方米的一半。自那时以来，随着各地工业、房地产业的过度扩张，再加上环境污染持续加剧，我们现在可能连人均 1000 平方米都达不到了。近几年，又有 330 多万公顷的耕地因受到中度、重度污染，而不得不停止耕种。（见图 43、图 44）

更严峻的现实随之出现。2011年，我国大米由净出口转为净进口。从此，我们粮棉油糖等主要大宗农产品呈现出全面净进口之势，导致我国农业发展、粮食安全面临着越来越不利、越来越严重的影响。

而且，中国尚未真正实现农业现代化，以“包产到户”[26]为主体的耕地分配、使用、管理方式，决定了难以广泛使用现代大型农业机械和设施，甚至很多地方的耕作方式与几千年前的中国古代农村没什么差别。最近这些年来农民工大批进城务工、农村青年考上大学后就不再返乡、很多农村常住人口以老弱病幼为主等一系列现象，又进一步加剧了农业生产效率、农田维护水平、水利设施建设规模等的严重落后。

这些问题，不解决已经不行了。那解决的问题的关键是什么？只能是种子。种子，是耕作的前提；种业，是农业的根本。

中国作为人口大国、农业大国，自然也是种子的需求大国，年种子需求量高达125亿千克左右。然而，国内种业市场上，本土企业份额仅占20%左右，其余80%的市场份额全都被外资企业瓜分。原因在哪里？就是因为长期以来的农业落后、科技落后，导致育种理论和技术创新较为薄弱。多年沿用的利用自然条件选育、借助专用实验室小批量人工培育，在时间上、效率上、规模上、效益上都已经远远不能满足需要。

---

[26] 包产到户，即家庭联产承包责任制，是中国农村集体经济组织实行的一种生产责任制度，就是把耕地农作物和某些畜牧业、养殖业和副业生产任务承包给农户负责，超产奖励、减产赔偿。由于最终成果与承包户经济利益联系比较直接，因此在特定条件下有利于改进技术、提高产量，但并不利于在全球工业化背景下推进现代机械化“大农业”的发展。

2010年，国家农业部作过一项调查，结果发现全国种子企业超过九成不具备科研能力，真正具有研发能力的企业不足百家。就是这百家，效率也根本不能与国外相提并论。国外种子公司，一年推出几十个新品种，而国内公司几年才出一个。

而且，不论哪种手段培育出来的新种子，进入大规模应用阶段、一代代种植下去，它的整体性质是会逐渐退化的。这是自然规律，谁都无法抗拒。如果不能加强自己本国的种子新品种研发能力，或者没有较高的研发效率，依赖国外种子、最终被国外企业控制的情况就将愈发严重。

照这样下去，中国农业特别是种业，必将走入“死胡同”，进而导致国家粮食和经济作物生产越来越被国外所控制，最终影响到国家整体安全。希望在哪里？

终于，随着我国第九颗返回式科学实验卫星搭载种子上天，并如愿以偿成功发现种子发生了在地面难以发生的新型变异后，中国种业，甚至是中国农业的新曙光出现了。之后，随着一批批科学家团结一心、倾力拼搏，这个在地平线上微微露出的曙光，迅速上升、扩大为满天彩霞。（见图45）

航天育种科技，在中国甚至在全球异军突起，一批批种子接连上天、遨游太空，然后带着中国人民甚至是人类的希望，成功落地，升根发芽。对我们来说，就只有期待，期待我们的科学家们继续努力，取得更多、更好、更大的成就。令我们为之自豪的是，放眼全球，能够从本国作为农业大国、人口大国的现实国情出发，充分发挥航天高科技迅猛发展的自身优势，努力将航天育种做成一种产业，并且一直遥遥领先的，就是我们中国。首次实施“种子太空之旅”16年后的2003年4月，经国务院批准，国家发改委、财政部、国防科工委批复了农业部、中国航天科技集团联合编制的关于航天育种工程项目可行性研究的报告。自此，中国航天育种工程项目正式启动。

2006年9月，“实践八号”育种卫星在酒泉卫星发射中心成功发射。这是我国第一颗专门用于航天育种的卫星，上面装载了粮、棉、油、蔬菜、林果、花卉等9大类共2000余份、约215千克的农作物种子和菌种，在太空顺利运行15天后，成功返回地面。这次的搭载种类和数量，是我国自1987年首次实现“种子太空之旅”之后规模最大的一次。（见图46）

辉煌成就令世人瞩目

截止到2015年，我国已经进行了26次航天育种搭载试验，试验品种达5000多种，利用航天育种技术先后培育出水稻、小麦、玉米、大豆、油菜、棉花、花生、芝麻、番茄、青椒、莲藕、苜蓿等大量较为成熟、大量推广的作物新品种。其实，我们国家已经选育成功、推广应用的太空植物，其种类、数量都已非常之多，全球任何一个国家都无法与我们相提并论。这个全新的“中国号”太空作物家族，已经非常壮大了！我们不妨简单罗列和描述一下这些太空作物的类别和特点，但由于品种太多、规模太大，肯定无法全部列出。（见图47、图48）

一是太空粮食作物。太空水稻，已经形成多个稳定品种，普遍具有穗大粒饱、优质高产、生长期短、分蘖力强等特征，平均增产 5% ~10%，而且蛋白质含量、氨基酸含量都有大幅增长；太空小麦，已经形成矮秆、丰产、早熟的稳定品系，产量比普通小麦高 10% ~15%；太空玉米，每株能够结出 6 个左右的玉米棒，味道比普通玉米好得多，而且能够长出多种颜色；还有太空大豆、太空绿豆、太空豌豆、太空荞麦、太空高粱，个个都有“拿手绝活”，个个都是精彩亮相。

二是太空蔬菜水果。太空青椒，普遍高产优质、抗病性好，枝叶粗壮，果大肉厚，单果重量大于 250 克，单季亩产平均在 4000 千克左右，最高可达 5000 千克，维生素 C 含量比普通品种增加 20%。太空黄瓜，藤壮瓜多，瓜体奇多，最大单果重 1800 克；长度达到 52 厘米，即半米多。维生素 C 含量提高 30%，可溶性固形物含量提高 20%，铁含量提高 40%，真正是产量大、营养高。虽然因为个大而觉得皮有点厚，但瓜肉却是汁多脆嫩、口感甚好。太空菜葫芦，长达 75 厘米，平均单果重 4 千克左右，最大单果重达 8 千克，而且还含有可治糖尿病的苦瓜素。太空番茄，除了开头讲的“番茄部落”、单株能结上万个果实这样的“冠军纪录”外，其他太空番茄品种平均单果重量也在 350 克左右，最大单果重达到 1100 克，平均亩产增加 15% 以上，有时可达 23% 以上。有一种太空樱桃番茄，含糖量高达 13%，与柑橘相当，口感鲜甜，完全可以直接当水果吃啦。此外，太空甜椒，太空茄子，太空西瓜，太空萝卜、太空大蒜、太空甘蓝……不但都是个头长得大、口感更好吃、营养成分高，而且有的还能出现颜色上的精彩异变，比如能够培育出“五彩椒”，配菜当然更好看啦。而太空大蒜，一头能长到250克；太空萝卜呢，本来普通萝卜的幼苗是害虫爱吃的，可现在就是不打农药，虫子也不靠近它啦。

三是太空林木草灌。太空林木，目前有太空油松、白皮松、石刁柏，以及杨树、红豆杉、美国红栌等，只不过林木不同于粮食、花卉，选育周期较长，目前还未能形成其他太空植物那样的规模效益。太空草类种子，有紫花苜蓿、沙米、红豆草、匍匐冰草等，如能将其变异后出现的优秀特征，比如抗寒抗旱能力强、蛋白质含量变高、存活期变长、可以一茬茬连续收割等优点都固定下来，就可以用来在铺设草坪、用作饲料、固沙阻尘等方面发挥重大作用。

四是太空经济作物。除了有太空棉花、太空烟草、太空芝麻等这些“大宗作物”外，还有另外一个同样已经兴旺发达、同样能够产生经济效益的“小家族”，就是太空观赏花卉。它们不但品种繁多，而且普遍具有开花数量多、花色变异多、开花时间长等特点，免疫能力、抗虫能力也都有显著增强。除了本书开头说的太空百合、金盏菊、一品红、太空孔雀草、万寿菊、瓜叶菊、金鱼草、醉蝶花等之外，还有鸡冠花、麦秆菊、麒麟菊、金鸡菊、荷兰菊、大滨菊、天竺葵、蜀葵、龙葵、荷花、大丽花、火把莲、百合、福禄考、萱草、矮牵牛、三色堇、石竹、千屈菜、羽扇豆……可谓应有尽有。

好一个林林总总、洋洋大观！仅按我国航天育种科技产业

“十二五”规划的内容看，从1987年启动至今，涉及品种已经涵盖水稻、小麦、玉米、棉花、油料、蔬菜、花卉、苗木等各大系列，先后有7000余份种子亲本材料被搭载上天，经过地面科技专家艰苦而漫长的精心选育之后，已经有200多个品种通过国家和省级审定，还有3000多个品种正在顺利进行地面选育。

除纯粹的种子之外，我们中国也早已具备将植物本体送入太空进行研究探索的能力了。2002年2月24日，“神舟三号”无人飞船搭载着葡萄、树莓、兰花这3大类别共6个品种的植物，在太空遨游一周后，顺利返回地面。这次飞船搭载，突破了原来只能搭载植物种子的局限性，实现了搭载试管种苗的首次成功，将中国航天育种工作的技术水平又向前大大推进了一步。2016年9月15日成功发射上天的“天宫二号”太空实验室，还携带了水稻、拟南芥[27]等高级植物的种子，并在上面进行种植实验啦！

领先全球、不断壮大的中国航天育种科技产业，将会给国家与民族带来显著的变化。

从经济效益上看，航天育种作物产量更高，有的成倍增长，平均都能增产20%左右，产量高，收益增，经济效益提升；品质好，有机品质的市场价值高，提质增效；培育优良品种的效率高，比其他育种方式的育种周期缩短一半，可降低育种成本；太空种子优良性能的稳定期较长，可以延长种子的更新周期；航天种子的

---

[27] 拟南芥，又名鼠耳芥、阿拉伯芥、阿拉伯草，属被子植物门、双子叶植物纲、十字花科植物，自花授粉，其基因组大约为12500万碱基对和5对染色体，是目前已知植物基因组中最小的，而且基因高度纯合，用理化因素处理突变率很高，容易获得各种代谢功能的缺陷型，所以是进行遗传学研究的好材料，被誉为“植物中的果蝇”。

抗性强，可降低种植成本；航天种业与旅游业、食品加工业等结合，有利于延伸产业链，转变发展方式，调整产业结构，繁荣农村经济；航天育种与生态农业紧密结合，有利于发展农业循环经济，提高综合效益。

从社会效益上看，航天育种作物能为我国实现粮食数量和质量的“双安全”提供有力的科技支撑，加快我国从农业大国向农业强国发展，使农业成为有奔头的产业；带动农村旅游业和太空有机食品加工业等的发展，可增加就业，推进以人为中心、以产业为支撑的新型城镇化建设；繁荣农村经济，可为国家增加税收，如建设近700公顷绿化苗木基地，5年可培育7575万株绿化苗木、花卉，销售收入可达5亿8千多万元，可创税3500万元；航天育种是战略性新兴产业，航天农业的技术含量高，需要从业者具有较高专业知识和生产技能，通过在各个示范园区开办科普教育和技术培训中心，能够帮助农民提高技能水平，推进产业升级，使务农成为体面的职业。

从生态效益上看，航天作物种子抗性强，推广种植可大为减少化肥和化学农药的使用，进而减少对农作物及生态环境的污染；发展太空花卉、蔬果、草、树、药材等，以其新、特、奇和有机品质，优化农村生态景观，建设美丽乡村，发展农村生态旅游、养生旅游；以生态农业技术发展农村循环经济，将农业、农村的废弃物转化为有用的资源；开发利用生物质能、太阳能等新能源，推广设施农业、节能温室等，治理大气污染，保护农村的天蓝、山绿、水清；发展“太空牧场”“太空农场”等，有利于强化对荒漠化、退耕地的综合治理，改善生态环境，增强生产能力……

上述综合效益，都已经不再只是“蓝图、构想”阶段了，而是随着中国航天科技的一次次成功飞天，正在演变为覆盖华夏大地、造福中国人民的锦绣美景。

航天育种功在当代，利在千秋！

【图37】“天宫二号”

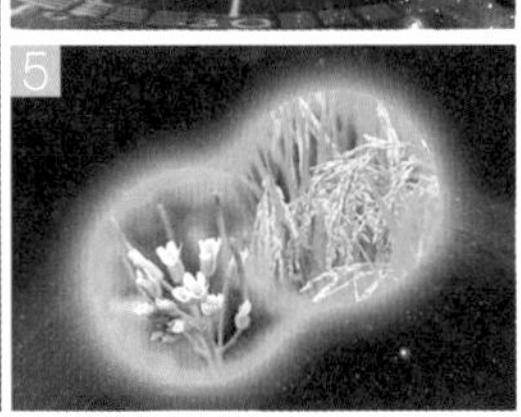

1. 宇航员操作植物培养箱模拟图。
2. “天宫二号”集现代航天高科技之大成，是中国首个实际意义上的空间实验室，开展了一系列关键实验。
3. “天宫二号”与“神舟十一号”对接图。
4. 精准量天尺空间冷原子钟。
5. 高极植物水稻和拟南芥。
6. “长征二号”FT2运载火箭托举“天宫二号”起飞瞬间。

“天宫二号”成功飞天，是中国建设运行大型空间站的关键一步。

【图 38】中国第一颗人造地球卫星

1A

1B

1C

2

1. 1970 年 4 月 24 日，中国第一颗人造地球卫星“东方红一号”，由“长征一号”运载火箭从甘肃酒泉卫星发射场成功发射上天。
2. 中国一举成为世界上继苏、美、法、日之后第 5 个成功发射人造这颗卫星的国家，而且“东方红一号”的重量超过了前四个国家首颗卫星重量的总和。发射首颗卫星的“长征一号”运载火箭整装待发。

国人为之振奋，世界为之震惊，中国的航天大业，就此开启。

【图 39】中国第一位进入太空的宇航员

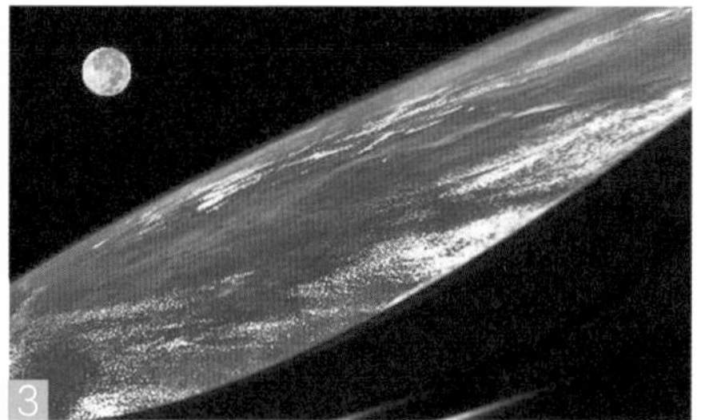

1. 航天英雄杨利伟。
2. 杨利伟在飞船中。
3. 杨利伟拍摄的地月美景。
4. 发射起飞瞬间。
5. 成功返回地球。

2003 年 10 月 15 日，中国正式成为世界上第 3 个实现载人航天的国家，航天员杨利伟成为中国飞天第一人。

【图 40】中国探月工程

1. “嫦娥一号” 月球卫星。
2. “嫦娥二号” 月球卫星。
3. “嫦娥三号” 着陆器。
4. “嫦娥三号”携带的“玉兔号”月球车在月球表面巡视探测。

2004年，中国正式启动名为“嫦娥”的月球探测工程。在不远的将来，中国航天员将在月球上留下自己的脚印。

【图 41】中国的深空探测

2016 年，中国正式启动“火星探测计划”。这是中国航天奔向宇宙更远深空的开始。

中国火星探测器着陆火星效果图

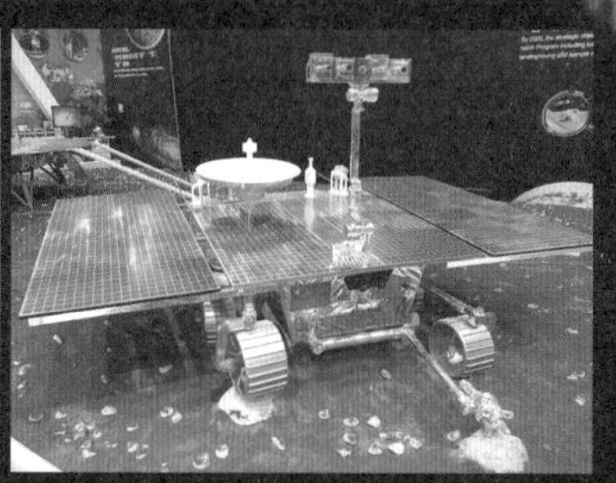

中国火星表面探测车模型

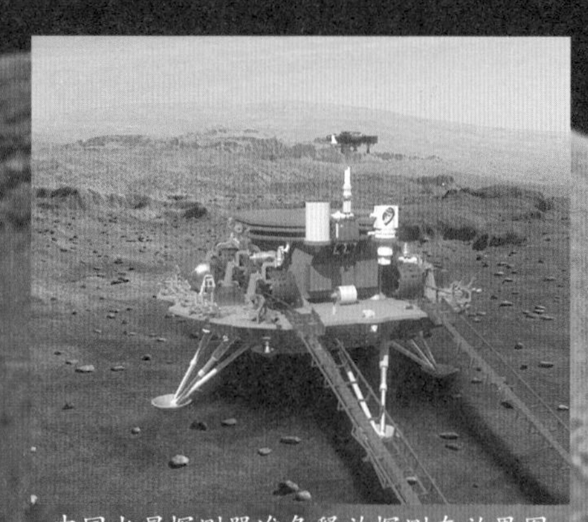

中国火星探测器准备释放探测车效果图

【图 42】中国的空间站

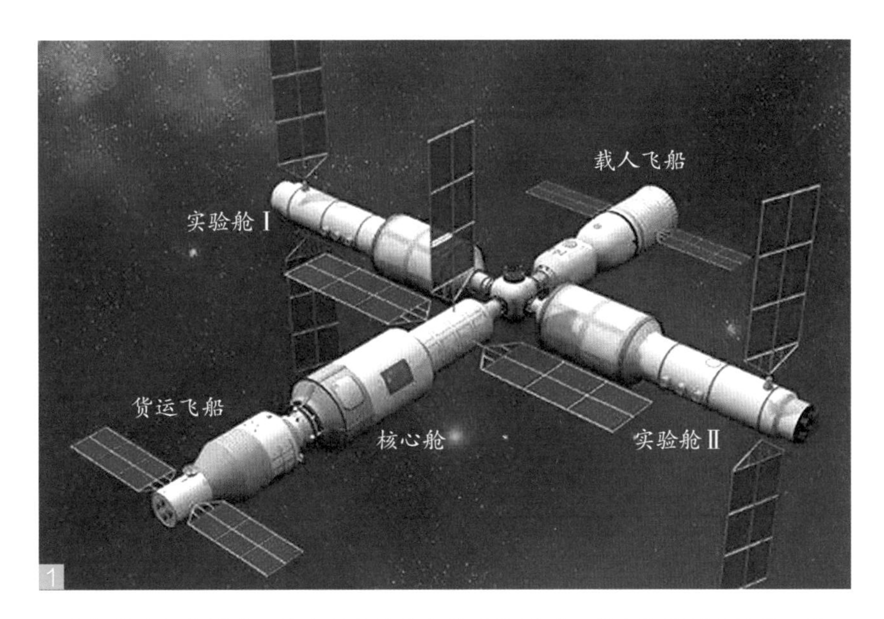

1. 建成并运行空间站，是中国当前载人航天计划“三步走”规划中的第三步。前两步均已顺利完成，分别是载人飞船阶段、空间实验室阶段。“天宫二号”和“神舟十一号”成功上天，既是第二步的收尾，也是第三步的开端。然而，中国的视野其实更远。到 2020 年前后，中国将建成自己的空间站，而且有可能成为唯一在轨运行的空间站。那时，中国将不仅能为自己的国家和民族，而且能为全球载人航天事业提供重要支撑。

2. 中国空间站模型。

【图 43】中国的特殊国情

1. 世界第一的人口数量，国土面积中沙化比例巨大，重度污染吞噬大片土地，落后的耕作方式。所有这些，要求我们必须推进现代农业尤其是现代种业加快发展。

1A

2. 从这张卫星图上可以清楚地看到，中国农业面临的形势有多么严峻。

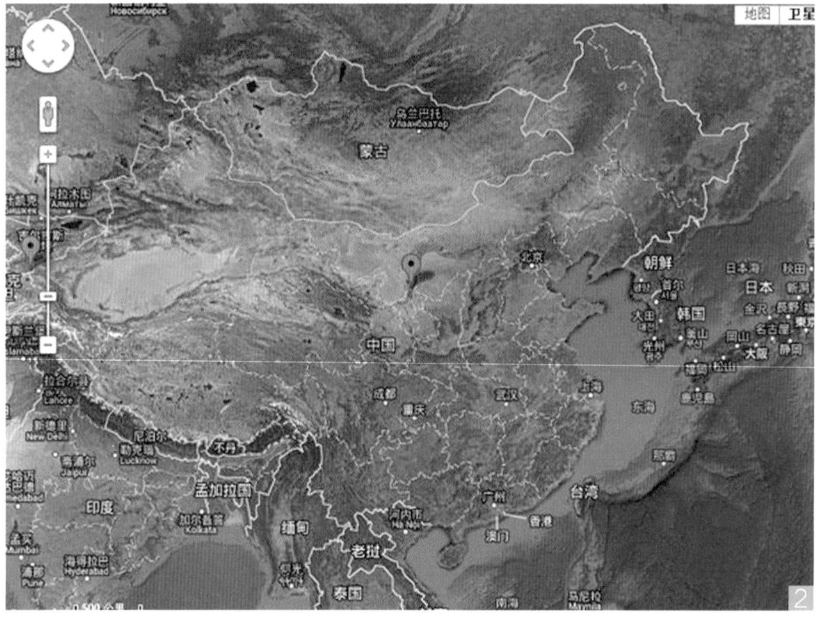

【图 44】务实的中国

载人航天、深空探测，是人类科技发展的必然趋势。但与此同时，不能忘记我们赖以生存的地球本身，就有大片不毛之地，需要借助航天高科技加以改造。尤其是在资源有限的情况下，如果完全不顾“脚下”的需要，只顾研究如何长途奔袭亿万千米去改造火星，对解决地球和人类面临的现实问题，未必有利。

只有我们中国，依托本国的特殊国情，凭借对地球与人类的责任感，不但致力于“奔向太空”的航天探索，而且还坚持重点发展“脚踏实地”的民生工程。在航天科技领域中，这就是航天育种科技和产业。如今在这个领域，中国已经独步全球了。

【图 45】中国返回式卫星：我们有了“天地动车”

1. 第一颗返回式卫星测试中。
2. 第一颗返回式卫星组装中。
3. 第一颗返回式卫星成功发射上天。
4. 第一颗返回式卫星成功返回地球。

1975 年 11 月 26 日，中国成功发射第一颗返回式遥感卫星，这是航天科技迈向新台阶的重大标志。对航天育种来说，返回式系列卫星和后来陆续上天的神舟系列飞船，就相当于植物种子有了往返于天地之间的动车。当然，受当时条件及认识所限，这颗卫星尚未搭载种子。

【图 46】种子上天从“试乘”到“专车”

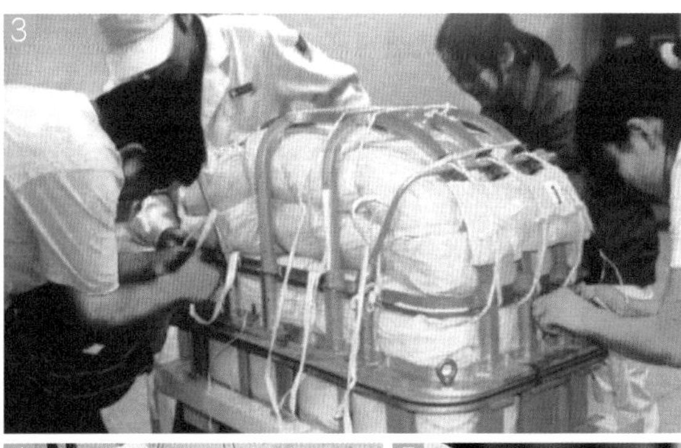

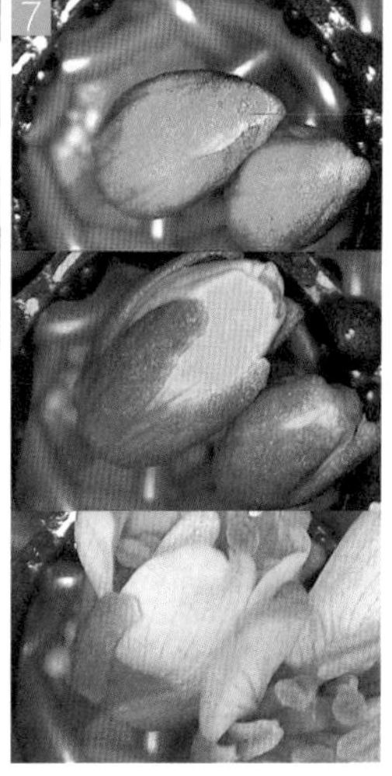

1. 1987 年 8 月 5 日，我国成功发射第九颗返回式卫星。与众不同的是，这颗卫星除完成既定科研任务外，还破例搭载了辣椒、小麦、水稻等作物种子。
2. 2006 年 9 月 15 日，我国成功发射“实践八号”返回式育种专用卫星，共搭载粮、棉、油、蔬菜、林果花卉等 9 大类 2000 余份，约 215 千克作物种子和菌种。
3. 将种子“打包”。
4. 装入“实践八号”卫星。
5. “实践八号”搭载的部分种子。
6. 载有大批种子的“实践八号”成功返回地球。
7. 在“实践八号”上进行的植物在轨生长实验。

【图 47】航天育种的“动车系列”

1. “神舟三号”搭载的部分种子。
2. 1999 年 11 月 20 日，“神舟一号”飞船发射上天。从此，作物种子便在以往返回式卫星“便车”“专车”基础上，又有了强大的“动车系列”。中国航天育种事业，从此掀开规模化发展全新一页。

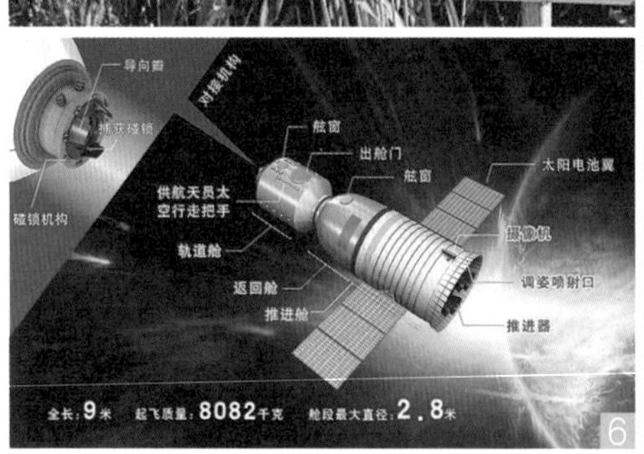

3. “神舟十号”飞船搭载的小麦。
4. “神舟八号”飞船搭载的水稻。
5. 神舟飞船返回舱实物。
6. 某型神舟飞船基本构成图。

【图 48】琳琅满目的太空作物

这里列出的，只是我国太空作物庞大家族中的一小部分。

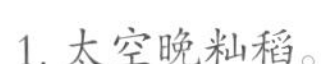

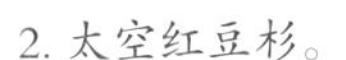

1. 太空晚籼稻。
2. 太空红豆杉。
3. 太空刀豆。
4. 太空葡萄。
5. 太空黄帝手植柏种。
6. 太空佛手茄。

【第七章】

不一样就是不一样

——种子究竟发生什么变化

遨游于太空特殊环境中的植物种子，在无处不在、无时不有的强大宇宙射线的持续轰击下，虽然外表看不出有什么变化，但其内部微观尺度细胞中的基因片段、蛋白质、生物电等，很容易发生各种各样的异变。虽然有益变异率并不高，但也远远超过地球金矿中的黄金含量。也就是说，当一批批种子结束太空之旅时，就相当于是一座座黄金富矿回到地面，就等开采了。

种子其实很坚强

毋庸置疑，我们中国的航天育种科技产业，已经逐步进入技术稳步成熟、水平稳步提升、规模稳步扩大的实用层面，正在对中国农牧业生产、环境保持、国土改造等，发挥出前所未有、越来越大的综合效益，甚至开始辐射、影响和带动了有意与中国合作的其他国家和地区。

那么，小小一粒种子，只是来了一趟“太空之旅”，就会发生如此之大的变化？究竟是什么样的变化，才能让一项技术演变为足以利国利民甚至有可能造福全人类的规模化产业?

好，现在我们就对植物种子在太空中会发生什么样的变化，以及后来在航天育种专家手里又会经历什么样的过程，作个专门的叙述。

前面，我们回顾了浩瀚宇宙随着一声大爆炸，从无到有出现这 137 亿年来物质诞生并逐步升级、生命出现并逐步进化、人类出世并成为主宰的全过程。在此过程中，又有各大星系中一代代、一批批超大恒星不断寿命终结，爆炸成为超新星，变成奇妙的中子星甚至是可怕的黑洞，同时还瞬间巨量喷涌并无休无止地向宇宙空间中喷射能量巨大的射线流。

这种宇宙射线总量是如此之大，持续是如此之久，以至于完全成为一种常态。就连造福于人类的太阳，也在不停顿地向四面八方发出高温高能的太阳风，还会时不时地来个耀斑爆发，“特别赠送”一顿“高能带电粒子流”的“超级大餐”。

所有这些，都使得地球大气层外每时每刻都是那种看似平淡如水、其实高度危险的特殊环境。这种环境的特殊性，我们已经概括过，那就是微重力、弱地磁、强辐射、高真空、超低温、极洁净，可能还有其他一些人类科学家尚未发现或尚未搞清楚的其他极端条件。对于那些在地球上孕育而生、进化演变、长期生活的千万种动物来说，在没有特别保护的情况下被放到那种环境中，都会坚持不了几秒钟的。也正是由于这个原因，各国航天科学家才都会不遗余力地推进航天员所穿的宇航服的可靠性研究。早期航天探索的过程中，那些被作为实验对象的小狗、猴子等，之所

以常常会“牺牲”在太空之中或往返途中，有一个客观原因就是因为宇航服技术尚不过关。（见图 49）

而对成千上万种高等植物的种子来说，绝大多数是不会在宇宙空间中立即死亡的，它们一定会坚持很长时间。这是因为，多数种子虽然在自然状态下依然离不开空气、保持着“轻微呼吸”的状态，但它们也可以被长期隔绝，甚至在完全无氧、无水的状态下，以休眠状态维持生命，有的甚至自己就在种壳外面天生带有一层蜡质，彻底封闭内部与外界的联系、保持休眠状态，以防季节不到、条件不佳时贸然出芽而遭遇不测。直到有一天条件成熟，才会重新复活。尽管很多种子短短一年之后，出芽率就会有所降低，但也有那种生命力强大的植物种子，可以在极端封闭条件下休眠上千年，都不会死亡，在太空环境中也同样如此。（见图 50）

所以，当种子们被送入太空之后，不会像裸露的动物生命体那样难以存活，甚至瞬间死亡。从表面上看，甚至人类肉眼都不会发现有什么变化。但是，能够坚持住而不死亡，不代表其内部不会受到各种宇宙空间因素的冲击；进入太空的种子们，一定会发生重大变化的，而且送它们上天的科学家们的目的也正是如此，所以肯定不会给每粒种子都套上一件特别设计的“种子专用宇航服”，除非是打算让种子彻底不受影响，毫发无损地安全飞行一年甚至千年、万年以上。

正常情况下，种子们在太空乘坐航天器作绕地飞行期间，其变化是发生在其身体内部的，而且是细胞、基因、分子等这样的极端微观层面的变化，不会是外观形状、颜色、大小这样的宏观变化。

种子内部挺复杂

当然，如果用微观视角去看，一粒种子并不小，而且还很不简单，非常复杂。让我们缩微无数倍，“钻”到一粒种子内部，甚至进入一粒种子的某个细胞的内部，让我们去大概看一看，那里是什么样的场景吧。不过，考虑到种子也有很多类型，所以我们只能把几乎所有种子都要用到的结构、原理，概括起来说。

植物种子，就是植物体的幼体，主要由胚芽、胚根、胚轴、胚乳、子叶和种皮等部分构成。当外部条件成熟，比如水分、氧气、温度等都同时满足要求时，种子就会结束休眠状态，开始萌发。其中，胚芽发育成茎和叶，胚根发育成根，胚轴发育成连接茎和根的部分；胚乳或子叶在种子萌发时负责共同提供营养，有时胚乳的养料会先行转移到子叶中，有时子叶在幼苗出土后还能负责一小段时间的光合作用。

这只是对一粒种子的“简单探视”，就已经发现种子结构的复杂性了。每一粒小小的植物种子都是这样的，其内部各部分构成都有明确的任务，各负其责、各司其职，只要条件成熟、可以萌发时，就会步调一致、开始工作，确保顺利出土发芽、逐步壮大，直至长成一棵与其父辈一模一样的参天大树，或者长成一株拥有10多个穗头、每个穗头又包含几十粒种子、每粒种子又都与其父辈一模一样的小麦。

种子内部这些任务明确、协同作战的“小分队”，每个又都是由很多很多个细胞构成的。考虑到细胞的体积都是微米级的，而 1 微米仅仅是 1 毫米的千分之一，所以现在我们得把自己再次缩小上百倍甚至上千倍、上万倍，钻到组成种子胚芽或子叶的无数细胞的某一个中去，看看那里有什么。

此时，你会觉得大吃一惊，甚至以为自己只不过是一只小小的蜜蜂，不小心进入了一座有上千万人工作和生活的超大城市。一个超大城市所拥有的一切基础设施，如政府大楼、办事部门、通讯电缆、交通干道、食品工厂、储物仓库、超级市场、居民社区，细胞中全都有，可能还更加复杂。（见图 51）

每个细胞都是一个这样的超大城市。它有四面八方全封闭的城墙，就是细胞壁，里面就是成万上亿、各种各样的分子在活动。最大的分子是负责总指挥、总调度的脱氧核糖核酸[28]，也就是 DNA，紧紧地蜷缩在政府大楼，也就是细胞核之中。细胞壁与细胞核之间，是巨大的城市运转空间，即细胞质。这个空间之内，有无数的分子在跑来跑去，或将电流信号传来传去，好比食品运送车、医疗急救车、活动充电车、机动指挥车，通讯频繁而互不干扰，交通繁忙而互不撞车。所有这些加在一起，单个细胞的活性、特性都得以始终保持不变；所有细胞加在一起，单个种子的活性、特性也同样得以保持不变。当条件成熟、开始萌芽时，大家又都

[28] 脱氧核糖核酸，即 DNA，又称去氧核糖核酸，是一种生物大分子，可组成遗传指令，引导生物发育与生命机能运作。主要功能是信息储存，可比喻为“蓝图”或“食谱”，控制细胞内蛋白质等其他化合物的建构。带有蛋白质编码的 DNA 片段称为基因。

开始按照一个号令，履行各自新的职责，确保将种子生长发育成为一个健康的、与其父辈一模一样的植株体。

真实的人类城市，都未必有这么规范有序。细胞中担负各种能量、营养、电流等信息保存和传递任务的，主要是种类繁多、数不清楚的蛋白质，没有蛋白质就没有生命，不论是动物还是植物；而负责对所有蛋白质进行指挥调度、生产制造的，就是盘坐在政府大楼里的那个最大的分子、“超级市长”DNA。当然，为了描述方便，细胞中还有承载容纳DNA的染色体、负责给各种蛋白质或蛋白质“制造车间”传递指令信息的核糖核酸，也就是RNA，以及其他大大小小的、承担不同任务的分子，还有它们相互之间的具体工作过程，我们都“省略”掉了。

这个“超级市长”DNA，是个很长的螺旋阶梯状家伙，是由很多片段组成的，每个片段就是一个负责完成城市某个功能指挥调度任务的具体指令，就是“基因”。一批基因组合起来，形成“基因组”，从总体上完成对城市某个区域，甚至对整座城市规模、功能、特征的具体限制和约束。当城市进入发展扩张下一个阶段，就是当种子开始进入萌芽发育阶段时，正是这些基因组在负责控制种子所有细胞的每一个动作，直到长成大树或麦株，直到这棵大树或麦株完成生命旅程、进入死亡阶段，然后在新的树种、麦粒中，又形成了同样的基因组。

这种固定形状、规定特征的传递，就是遗传。但如果受到某种力量的强烈干扰，DNA中的某个片段即某一条基因指令，或者说基因组中的某个具体基因，就会导致指挥蛋白质、制造蛋白质的指令出现异常变化，也就是基因“乱了”；有时，也会因为某种外来因素的强烈影响，基因在向“下属”发布指令或指令传递过程中，指令信息被“篡改”了、变动了，也会导致蛋白质无法按“祖宗们”的既定习惯去工作。如果这些异常变化就此固定、未能自我修复，就会被传递给下一代。这样一来，种子再次萌发时，植株的外在形状、内部特征就会跟着发生显著变化。这，就是“基因变异”了。

正常情况下，尤其是在地球表面这种相对稳定了千万年的环境中，植物种子内部细胞的运行、基因组的构成，是很难发生基因突变的。即使有，其致变因素也常常难以搞清。是臭氧层突然出现空洞，导致太阳紫外线突然大增？还是突然有一束宇宙深空飞来的高能射线，恰好从地球磁场因受太阳磁暴干扰而出现的空当中乘虚而入，直达地面？要么，就是植物附近出现罕见异常极端天气，高强度雷电直击地面，产生了短促而强烈的高能电场？这些原因，现在的人类都没有完全搞明白，早期的人类“育种专家”就更是不可能探寻清楚并有意识地复制同样条件了，所以就只能在大田里找啊找。这也正是几十万年来人类历代“农业育种先驱”在大自然中选种育种时，总是事倍功半、效率低下，甚至有可能连续多年都没有任何发现的主要原因。这些原因，也就是突发异常条件，本身就很难发生，即使发生了并对少数农作物基因产生了影响，也未必能及时找到，所以效率不高是肯定的。（见图 52）

然而现在，大不相同了，人类掌握了越来越强大的科学技术，已经能够在很大程度上模拟、再现极端异常环境和条件，以“主动出击”的方式去促发植物种子基因发生变异。过去是在地面建设微重力实验室、零磁空间实验室、强辐射实验室等；现在，我们有了强大的航天科技，可以将种子送到太空中去，直接面对那些一直存在、永远存在、综合存在的微重力、弱地磁、强辐射等极端条件了。在那里，种子面临的情况可就大不一样了。

种子为什么会变异

一方面，太空种子所处的环境，总体上导致种子远离了曾经一代代适应了亿万年的地球表面，其内部的各种组成，都开始有点“晕菜”了。

最明显的是，原本按地球表面重力、磁场等的强度和方向来维持平时自我状态及相互关系的某类细胞、某个基因甚至某群分子，以及其内部某股生物指令信息的产生、传递、作用等，现在都“乱”了，自我状态、相互关系等状态一定会变，而且变了以后就很难再调整回来，一定会影响到将来发芽时的生长。再考虑到宇宙空间还同时具有真空程度极高、温度相对很低、周围又极其洁净等因素，也都是地球表面不可能同时具备的，也会对植物种子内部各组成单元的运转产生较大影响。（见图 53）

另一方面，也是更重要、更明显、更关键的方面，就是密集而强大、带电而高能的宇宙射线，对种子内部各组成单元的强烈轰击。（见图 54）

与组成种子细胞的染色体、DNA、基因、蛋白质等各种单元相比，宇宙射线如质子束、中子束、α 粒子束、电子束、γ 射线、超高能中微子束等，都是“次原子级别”的。在宇宙射线面前，种子内部的那些细胞，简直就是一个个庞然大物。如果把某种宇宙射线流的某个粒子比做一颗步枪子弹，那么种子细胞体积，就比地球上曾经出现过的最大的恐龙还要大很多很多倍，甚至比美国怪兽电影《哥斯拉》中的变异怪兽哥斯拉[29]还要大很多倍；而种子本身，简直就像是一座喜马拉雅山。

正如《哥斯拉》电影所描绘的那样，人类面对比摩天大楼还要高大的哥斯拉，使用步枪打击时，步枪子弹肯定不会将哥斯拉“一击毙命”，哥斯拉甚至在被自动步枪发射的一连串子弹全部击中时毫无反应。但没被打死，不代表哥斯拉的身体内部没有受伤。单个步枪子弹对哥斯拉的身体整体没有什么威胁力，但一定会伤到其内部的某根血管、某条神经、某个关键。也正是因为如此，哥斯拉的动作才越来越迟缓，最终被人类用成群的导弹干掉。

这个例子，可以用来辅助想象宇宙射线粒子流击中种子的情况。只不过按比例参照的话，种子的体积比哥斯拉还要大，宇宙射线粒子的体积则比步枪子弹还要小，而且速度还更快、快到了不能再快的光速，能量还更高。如果把某个射线粒子按比例放大到子弹那么大，则子弹在它面前，论速度只是一个上千年才爬出不足一米的蜗牛，论能量只是一个老太太用的“痒痒挠儿”；步

[29] 哥斯拉，是作家塑造的一种受核辐射影响而发生基因突变、体型变得巨大无比的、类似超级蜥蜴的爬行动物。日本、美国等国家都曾以哥斯拉为“主角”拍摄过科幻恐怖电影。

枪子弹无法击穿哥斯拉的身体，可能连一条腿都不能击穿；而宇宙射线却可以轻而易举、简直就是没有感觉地穿透任何一粒种子。

但是，就在穿透种子的过程中，宇宙射线流粒子却命中了某个或某些染色体、基因片段、蛋白质等细胞内部构成单元。这些单元，都是“分子级别”或“次原子级别”的。当这些单元被射线粒子流击中时，就相当于一个刚刚出壳、尚未长大、壳甲未硬的“小哥斯拉”被步枪子弹击中了；按这样的比例，种子细胞相关单元不但会立即被射线粒子击穿，而且一定会“受伤”。结果，从整体上看，种子各细胞都依然是完整的，种子本身外表上也看不出来有什么变化，但其各细胞之内的构成单元本身，或者说单元之间的相互关系被改变了。

尤其是DNA。不论是动物还是植物的DNA，都具有将生命个体全部特征遗传给后代的“天赋使命”，所以它的存在就是为了复制自己、复制生命。为了完成这个大自然赋予的使命任务，它还具备受伤之后马上就要自我修复的特殊能力。但当它被宇宙射线击中之后，身上的某个或某几个基因片段可能移位了、转向了、脱落了；重组修复过程中，并不能完全按照受伤前的固定模样来恢复。于是，这个变化，就这么保持下来了。当新的基因组合完成之后，这个DNA，在主要表现上与原来的没有什么大的改变，但一定会在某些局部特征上，或者说今后对细胞工作发布的各种指令上，出现重大的改变。这种改变，就是基因变异。

上面所说的就是植物种子在太空中将会遭遇什么情况，同时又可能会发生的变化。现在，估计有人就要问了：既然太空环境如此独特，那是不是任意抓一把种子，放到返回式卫星或载人航天器上，到太空中转一圈，回来后种到地里，马上就能获得全新的优质品种了呢？

不是的，事情并没有那么简单。当种子们被送入太空、暴露到宇宙射线流中时，并不是每一粒种子的基因，都会朝着人类希望的方向发生变异，甚至也不是每一粒都会发生变异。这是因为，虽然宇宙射线在太空中无处不在、无时不有，但种子在太空中停留的时间是有限的，也不是 360 度转遍地球上空的每个位置，所以并不能保证刚好有一股足够强大的射线流穿过它。

根据多次试验的累计统计，送入太空停留数天的种子，平均只有 0.05%~0.5% 会发生可以观测到的基因突变。就是说，1000 粒同样的种子里面，只有多则 5 粒、少则半粒，会发生变异。当然，就是这么一个看似很低的概率，就已经远远超过只有二十万分之一的“自然变异”的水平了。而在这些寥寥无几的变异种子中，朝着抗倒伏、抗疾病、抗虫害和早成熟、高产量、多开花等好的方向转化的，依然只是少数。更多的，则是某些重要基因被宇宙高能射线给破坏掉，反倒更容易生病了，使得产量变少了。

这是因为，无论是微重力、弱地磁也好，强大的宇宙射线也好，还是它们对种子细胞的综合影响也好，都不是人类所能主导的。人类的科学技术虽然已经足够发达，但还没有达到能够预测宇宙射线强度、种类，并加以控制和指挥的程度。宇宙射线是以光速前进的，在它击中某个目标之前，这个目标是用任何手段都无法提前预知的，因为不存在能够超越光速的任何信息传递手段，所以没有人能够预测宇宙射线将来自何方、强度多大、什么类型。人类也不可能发射什么超光速运行的探测器，跑到远方先去截获射线，然后再回过头来向地球发出超光速报警信号，通知人类，早作准备。这是完全不可能的。

所以，种子们在微重力、弱地磁的太空中作绕地运行时，一方面一定会受到宇宙高能射线的照射，另一方面却无法预知会遭遇什么、发生什么。

不过，虽然变异后的种子所占比例不大，甚至少得可怜，但并不代表价值意义不大。这就好比一座金矿，哪怕是世界上最具开采价值的金矿，从成吨成吨的矿石中能够提炼出几克、最多十几克黄金来，就算很不错了。总不能因为金矿里面“石头太多、金子极少”，就说它不是个金矿吧！（见图 55）

“种子金矿”是这样开采的

航天育种，就相当于开采金矿，只要付出劳动，就一定会有收获，而且是不可替代的收获。当然，科学家也没有完全被动、随意地抓一把种子就朝天上送，而是尽可能地对种子变异方向加以引导，办法就是把最好的种子挑选出来。这就是航天育种的第一步，即“种子筛选”。这就好比要组织一队运动员去参加比赛，总得把体能最好、体质最强、训练最多的运动员选出来吧！从马路边随便拽个路人甲、路人乙之类的，显然行不通。

就是这个选种的工作，也并不轻松。同样一种植物特别是农作物的种子，南方的与北方的不一样，甲研究所开发的与乙研究所开发的也不相同。同样一个型号的新种子，哪怕看上去都很饱满、健康，但头一代与第二代也不相同。总之，必须要千辛万苦地寻找、对比、筛选，把那些真正能够代表同类植物“最先进、最优秀、最强大”性能的种子找出来。这样的种子，就是不去太空“旅游”而直接播到地里，保持优秀品质的可能性也很大。如果再把它们送入太空，那么它发生变异时朝着好的方向转化的可能性当然也更大。这项工作，就是航天育种的第一步，即“精心选种”。

种子选好了，接下来是航天育种的第二步，即“太空诱变”，就是把种子送上太空。这可不是随便哪个国家能够做到的，不论是苏联（俄罗斯）、美国还是我们中国，虽然都具备了制造、发射、回收返回式卫星的能力，都曾经多次送宇宙员上天巡游后再安全返回，但毕竟花费的人力、物力、财力成本都极其高昂。当种子们安全上天后，要依靠电脑控制或由宇航员操作，不仅对种子的生存状况随时加以监测，还要计算航天器角度、地球位置、太阳方向、距地高度等各种具体的细节问题，以保证在有限时间内尽可能与更多的宇宙射线发生“交集”，受到更强烈的射线“轰击”。

最后，种子们安全返回地面，回到了航天育种科学家们的手中。这，才是万里长征的开始。接下来的工作，才是真正艰苦而又漫长的、航天育种的第三步，即“地面选育”。

具体到某一粒种子，在太空巡游的过程中，究竟有没有受到足量的射线照射，有没有发生变异、发生了何种变异，谁都不知道。如果运用现代生物高科技，把每粒种子都打开来，把它们的DNA和携带的基因都放大了察看一遍，再与没有上过天的同一批种子对比一下，那倒是能够得出一些结论。但是，这显然就把上过天的种子给破坏掉了，而且由于针对植物种子的生物技术研究也没有达到对每一条DNA、每一个基因段反映什么信息，都了如指掌的程度。

那怎么呢？办法只有一个，就是把种子播到土壤中，帮助它们发芽、成长、开花、结果，然后再与其普通同类相比较，看看究竟有没有变化、什么样的变化。这项工作之所以艰苦而又漫长，是因为它是以“年”为单位而不是以天、月为单位进行的，而且是从种子播下后的那一刻开始，要持续好几年的。这是一个需要高度专业知识和极强耐心细心的过程。某一粒太空种子入土后，出苗速度、生长情况，包括全株的茎、秆、须、叶、花、果，每一个要素、每一步变化、每一点不同，都要转化为精确的科研数据，记录下来，多数情况下还要用到分子标记[30]等高科技的育种技术。

这还只是第一年的工作，重点是针对一批太空种子的出苗、发育、成熟情况，逐粒逐粒、一株一株地相互对比，而且是一个数据一个数据地巡回对比，然后在这一批种子的第一代后代中，再次选出更强更好的来。因为，哪怕是同一批在太空中同时发生好的变异的种子，在地面发芽、成长、成熟的过程中，依然不是

[30] 分子标记，是生物遗传研究中一种常用的先进技术手段，通俗地讲就是给某种具有特殊性状的分子打上记号，以便于后续识别和研究。广义的分子标记，是针对可遗传、可检测的DNA序列或蛋白质来进行；狭义的分子标记，则是针对能反映生物个体或种群间基因组中某种差异的特异性DNA片段来进行。

平均的，同样也会出现有好有差的明显差异。

导致出现这种差异的原因，主要还是在于种子内部的基因有没有把优质品质向后代遗传的能力。有的不行，有的可以。对这些“可以”的，就把种子收集起来，来年再种、再次观察。

为何还要再次观察？这是因为，植物种子发生变异，而且将优秀品质成功遗传给第一代后代后，并不能说明这批种子就可以作为成熟稳定的新品种，向全国推广了。于是，同样的工作还得继续。一共要几年？按照现代农业科技的实验规律，平均每一类种子都需要四年。也就是说，上述从播种到收获、从选优到选优的工作，要反复进行四轮。

在此期间，有时还要再次对种子进行高空气球辅助照射、地面强辐射实验室再次照射等各种“加强”性的补充工作，有时还要像勤劳的蜜蜂那样极其精心地进行同类植株之间的授粉，促成其实现“自交”，否则便没法得到下一代种子。哪怕是对已经证明“不行了”，只能忍痛淘汰掉的种子或植株，也不会一丢了之，而是要以同样认真负责的态度，从根到茎、从叶到须、从花到果，测量、化验、分析、对比，力求找出其“败亡”的真正原因。

到第四年，如果真正确认一批太空种子的好的变异，都成功地保留下来了，进入稳定状态了，能够连续四代向下遗传了，这些种子才能真正脱离科技实验室层面，成为农业实践意义上的“新品种”。

如大浪淘沙般历经千挑万选保留到第四代的种子，普遍都具有远远超过它那未曾上过太空的普通“祖先”的优异品质，有的产量高，有的出油多，有的特强壮，有的更好看，有的更好吃，有的更环保，等等。

要知道，每个类别的太空种子，都不是一粒，而是一批；出苗后也不是一株，而是一片。每次返回地球的种子，也都不是一类，而是很多类。对其中的每一粒、每一株，都要像这样如抚育婴儿般精心对待，连续数年优中选优，这是多么繁杂的工程啊！

所以，每一个担负地面选育任务的航天育种科技产业基地、示范园区、试验田，都是一个巨大的新种选育“实验室”，里面有大量不同品种的太空种子，在露天或室内环境中，在科学家们的精心照料、严密观察、测量计算中，生长发育、开花结果。为了让种子们将来能够适应全国更多地区的气温、土质、水情等各种条件的不同，还要尽量让太空种子们在贴近自然的环境中生长。也就是说，太空种子和它们的后代太空植物也罢、与它们朝夕相处的航天育种科学家们也罢，都是不分寒暑甚至风雨无阻地在努力拼搏着的。

这样的工作，这样的人群，完全是集生物学家、植物学家、气象专家、核物理专家、统计专家以及标准农夫等多种角色和责任于一体的了。此时，我们可以引用一句诗句来形容航天育种科学家们的工作价值了，那就是“梅花香自苦寒来”啊！

没有这些艰苦而漫长的地面选育工作，就无从得知种子们在太空中究竟发生了什么样的变化，更无从得知这些变化当中哪些有益、哪些有害，还无从得知有益的变化中又有哪些能够成功遗传，进而培育成功新的种子品种。

我们开头所举的惊世骇俗的“番茄部落”“南瓜霸王”，以及目前遍布全国各地的数不胜数的太空种子、太空植物、太空农田、太空花园，都是这么从地面到太空、从太空回地面，一步又一步、一年又一年地种植选育并扩张发展而成的！（见图 56）

【图 49】太空真的很凶猛

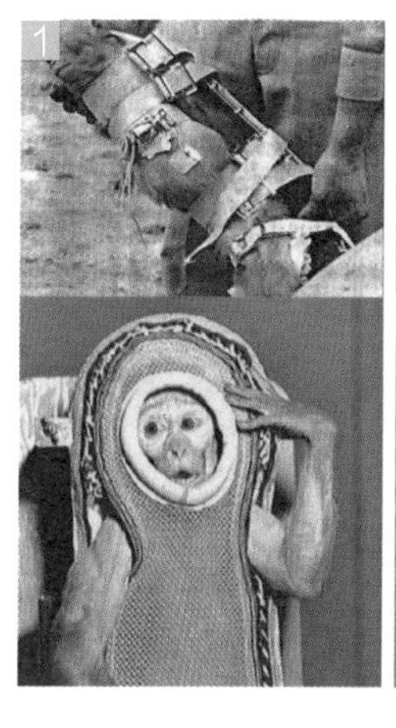

1. 早在苏联小狗莱卡之前，美国就曾多次送猴子上天，但都没有像莱卡那样真正实现绕地飞行。这些猴子，偶尔活下来的，是因为它们没出大气层。从图中可以看出，当时还基本不存在“宇航服”的概念。
2. 前面我们说过，如果没有地球磁场的保护，脆弱的大气层很快就会被太阳风暴给吹得一干二净。
3. 地球万物，不论是我们人类还是各种动植物，都是有赖于大气层的存在。但地球大气层太脆弱了，如果把地球比作我们书桌上放着的地球仪，那大气层就仅仅相当于地球仪表面的那层漆。我们已经习惯了在大气中生活，如果我们人类与植物种子在不加防护的情况下，同时进入太空，那将只有种子能活下来，因为种子比我们更坚强。从太空往下看，地球大气层简直就是一层薄薄的皮儿，但我们却离不开它。

【图 50】种子其实很坚强

1. 2015 年，北京植物园将发现于山东济宁、距今 600 年左右的古莲子，成功播种、发芽开花。
2. 这是双荚决明，它的种子能够存活将近 2000 年之久。
3. 1967 年，科学家在北美麦肯阿中心地区深层冻地中发现了 20 多粒大约 1 万年以前的北极羽扁豆种子。经播种实验，有 6 粒种子顺利发芽并长成植株。

【图 51】植物细胞的结构

1

细胞壁与细胞膜
（细胞壁负责保护和支持细胞体；细胞膜负责控制进出细胞的物质）

细胞质
（可以流动，能够加速细胞与环境间的物质交换）

叶绿体
（负责进行光合作用，即借助光子能量，将二氧化碳和水变成有机物质，并释放氧气）

细胞核
（负责储存遗传物质，相当于细胞的“司令部”）

液泡
（主要为细胞液，溶解有多种相关物质。比如西瓜之所以多汁，主要是靠大量液泡）

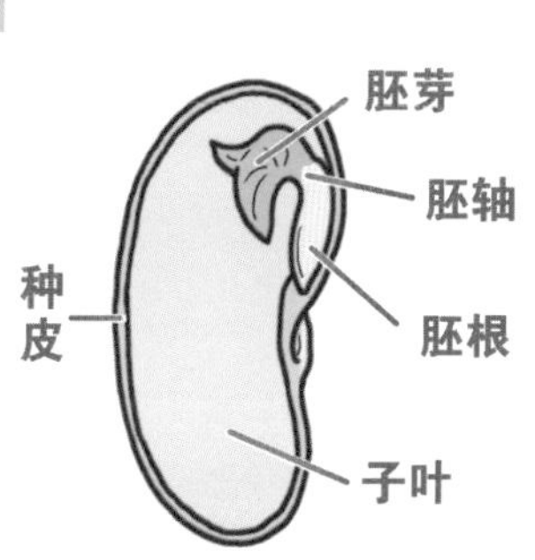

1. 常见植物叶细胞结构示意图。
2. 每个植物细胞都像一座规模巨大、高速运行的城市，不断发生着各种各样的信息传递、营养运送、化学及生物等反应。但是在微观尺度上，这些反应容易受到干扰，进而发生变化。
3. 菜豆种子结构示意图。

【图 52】植物的自然变异

1. 自然界中的植物，由于受雷电、磁场、土壤或大气成分变化（包括被污染）、电磁波等各种因素影响，发生基因变异的可能性非常大。比如这种植物，一开始出现时颜色种类并没有这么丰富，只是不断发生自然变异后，才出现了这样的结果。
2. 如果基因相近的同种植物混杂生长，就容易因自然杂交而发生变异，形成新种。
3. 并蒂莲其实也是植物自然变异的典型例证。
4. 野生稻在中国分布非常广泛，其中也经常会发生自然变异。但是，变异发生在哪里、发生的是好变异还是坏变异，并不容易确定。所以，人类育种专家就只能大海捞针般地去寻找。

【图 53】微重力环境中的植物生长

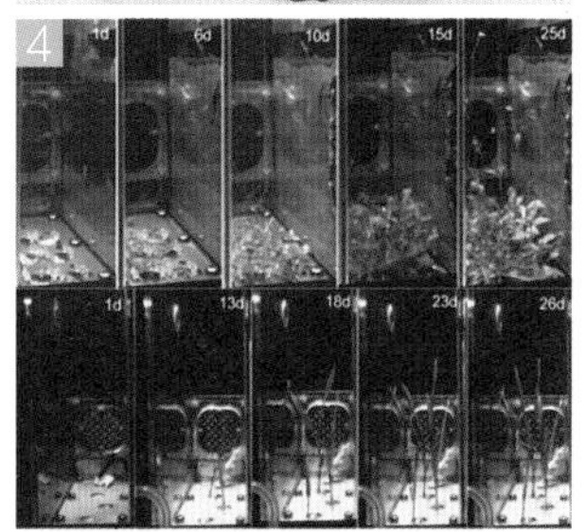

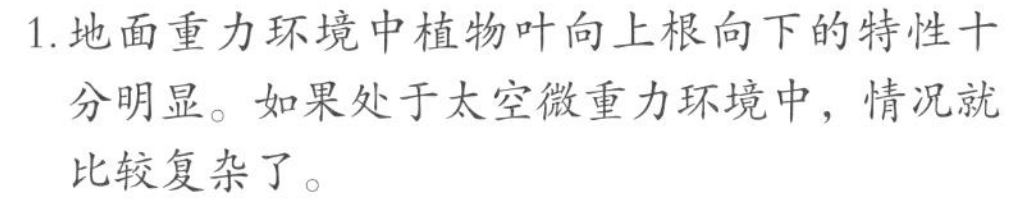

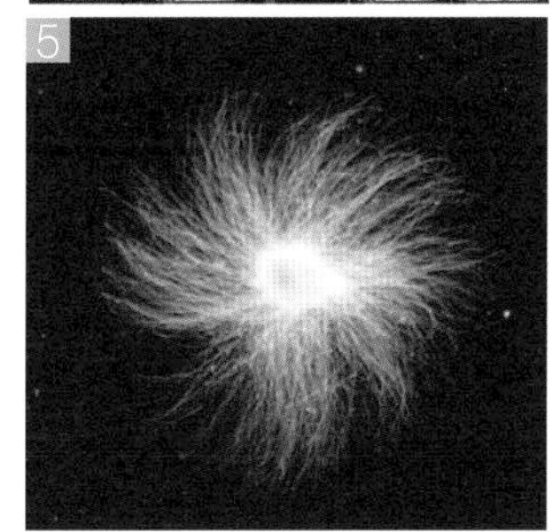

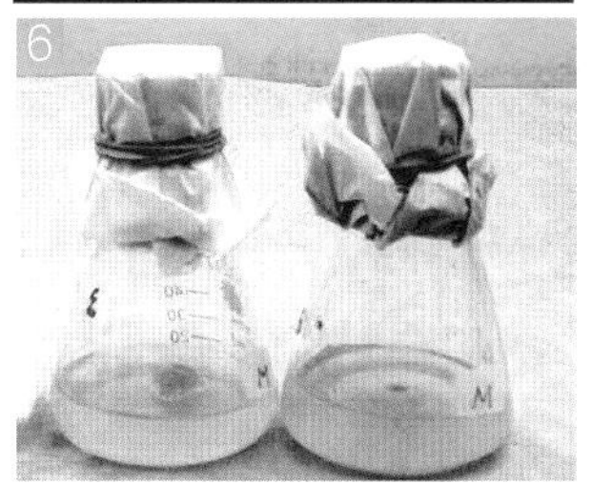

1. 地面重力环境中植物叶向上根向下的特性十分明显。如果处于太空微重力环境中，情况就比较复杂了。
2. 天宫实验室携带的植物培养箱。
3. 但并不是什么植物的叶子都会在太空中乱长。只要负责提供养料水分的培养基与植物的根保持固定关系，叶子就会自动保持背向培养基的生长方向。比如国际空间站中萌发的这棵向日葵，方向感依然很强。
4. 由于培养基与植物关系固定，所以拟南芥（上）和水稻的生长方向还是比较稳定的，虽然未必背向地球。
5. 在太空中成长的这粒苔藓，由于找不到方向，便按照自己的基因指令，变成螺旋式生长了。
6. 图中左瓶为“神舟四号”飞船上进行的烟草细胞电融合实验，实验结果证明繁殖速度明显高于地面。如果植物细胞平时受到重力沉降影响较大，则会在微重力环境中发生明显变化。

这些情况说明，太空微重力环境确实能影响甚至改变植物生长形态，但未必能够改变植物的基因。

【图 54】宇宙射线的轰击

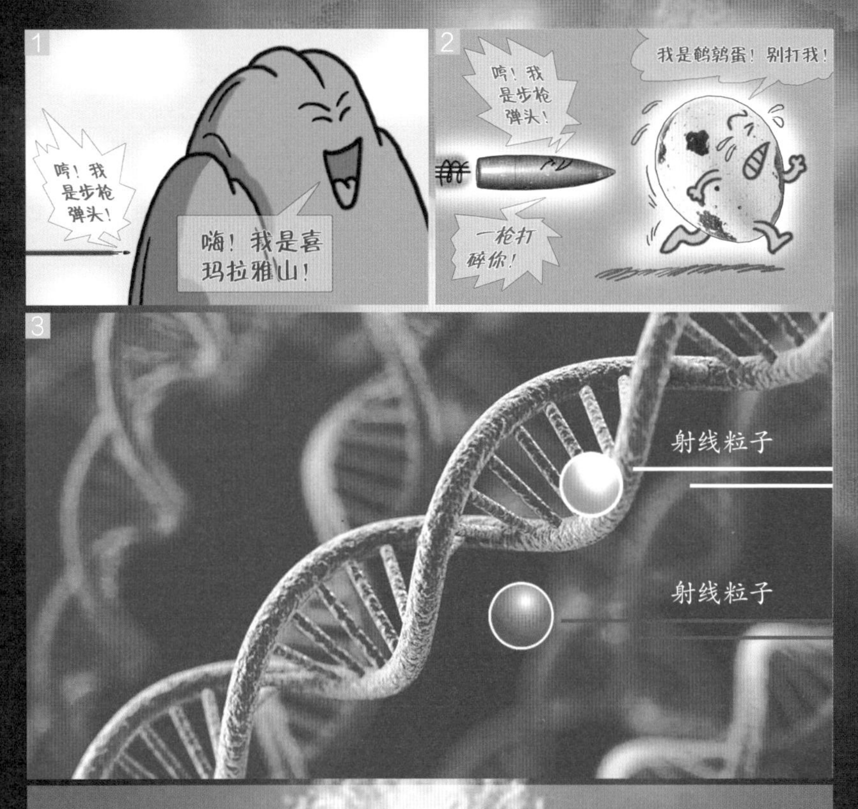

1. 在射线粒子流面前，种子本体就相当于一座巨大的高山。射线粒子不论是轻易穿过还是被种子吸收，都不太可能让种子从整体上瞬间被干掉。偶尔有，但只能是极少数特殊情况。
2. 而在细胞体内部的某个更微观的局部上，比如细胞 DNA 的某个片段、蛋白质分子的某个位置，被宇宙射线粒子击中时就相当于鹌鹑蛋面对步枪子弹头，只要被打中，就有可能被打断、打破或移动位置、搞乱顺序，进而导致这个局部所代表的生命信息被改变，于是基因就变异了。
3. 这就是航天育种科技的最核心之处。当然，种子基因并不一定都是向我们要的方向变异，对人类来说有用的变异比例其实很小。但是，这就等于是在创造一批又一批能够提炼黄金的金矿了。

所以，尽管太空环境十分复杂，但真正对诱发植物种子基因发生变异起到关键作用的，主要就是无处不在、无时不有的宇宙射线。如果没有射线，仅凭微重力或弱地磁等因素，则常常只能干扰植物生长过程、引发形态变化，但未必能够引起基因变异。

【图55】金矿就是金矿

1. 俗称“狗头金”的天然金块就相当于自然变异的植物种子，我们不知道它们都在哪里。
2. 如此巨大的一座山，可能只有几百吨金黄的储藏量，但不能不开采。
3. 黄金在矿石中的含量比例，比在太空中发生有益基因变异的种子出现的比例要低得多，而且黄金开采过程非常艰苦。但是，哪个国家都不会把希望只寄托在寻找“狗头金”上，而放弃一座又一座巨大的金矿山。

航天器搭载种子上天，就等于是在把一批批种子变成一座座金矿山。发生有益基因变异的那些种子，就相当于矿山中的黄金，虽然少，但却珍贵。当有的人说种子在太空中有益变异率低、所以航天育种意义不大时，我们完全可以对他说：“你错了。”

有了金矿山，还要有艰辛的提炼过程，才能得到宝贵的黄金。航天育种同样如此，当第一步良种筛选和第二步搭载上天结束，也就是金矿山形成后，随之而来的便是更为漫长和艰苦的第三步，即地面选育。在这方面，中国已经形成庞大规模、完整体系了。

【图 56】千锤百炼砺真金

一批太空作物种子从落地到新品定型需要至少 4 年，完全是一条从金矿石中提炼黄金的历练之路。

1. 地面选种。
2. 搭载飞天。
3. 在轨飞行。
4. 返回地球。
5. 地面实验室反复培育初选。
6. 大田反复培育筛选直到定型推广。

【第八章】

一切尽在掌控之中

——既无核沾染，更非转基因

没错，核爆炸、核泄露、核废料……都会造成核放射沾染的长期危害。但是，经历过宇宙射线轰击的植物种子却不存在这样的问题，因为宇宙射线并不带有一丝半点能够造成核放射沾染的核物质，更不会传递给种子。植物种子受宇宙射线轰击而发生的基因变异，与“转基因”也毫不相干，因为两者完全不是一回事。更何况，所有经过数年选育、最终定型推广的太空粮食、太空蔬菜、太空瓜果，都是经过大量专业检测、证明没有问题的，完全可以放心吃。

核辐射只是“纸老虎”

说到这里，一定会有人开始关注一件事了。什么事？就是本书一直在强调的一个东西——射线！

射线？没错。没有射线，没有137亿年来始终在宇宙中四处奔袭、汹涌不断的高能射线，就没有现代人类的航天育种。甚至也没有几十亿年来地球上一次又一次的生命物种大爆发。说不定啊，正是亿万年前发生在银河系内不远处的一次超新星爆发，向地球集中喷射了连大气层、磁场都阻挡不住的巨量高能射线，才促成了地球万物基因的爆发性变异和增长，然后才有了我们呢。当然，也有个说法是，地球大气成分突然发生变化，氧含量大幅度增加到了目前的水平，不但杀死了无数不适应富氧环境的生物，还促成了喜欢氧气的其他生物物种的爆发式增长。

但是，一想到“射线”，就有很多人觉得跟射线有关的东西都是危险的，碰不得的，因为很容易从射线联想到另一件事：核。核爆炸，核电站，核燃料，核废料，核泄漏，核沾染，核辐射……是的，所有与核工业、核武器有关的“核”，都是带有放射性质的，实际就是铀、钚等重元素在转变为轻元素，并在转变的过程中向外放射能量，这些能量就是射线。而转变的方式，要么是自然状态下的稳定衰变，要么是人为诱发时的瞬间裂变。

比如桌上放块重金属铀^{238}，哪怕你从来不去管它，44.68亿年后它也会有一半衰变为铅，这个时间就是它的半衰期。当然，铀并不是直接突然变成铅，而是经历了复杂的过程，但结果就是变成铅。如果是它的另一种同位素铀^{235}，那么半衰期就会缩短为7.04亿年。衰变后变成的铅，与剩余的铀加起来的总质量，也就是它们在地球上的总重量，会比原先的一整块铀减轻了许多，这就是重元素在自然状态下的稳定衰变。丢失的质量哪儿去了？全都变成能量，主要是阿尔法粒子，向外辐射掉了。这种放射性衰变，也是一种自然规律，是人类无法阻止的。你可以用厚厚的、不会衰变的铅板挡住铀衰变时发出的射线，但你无法阻止铀原子的自然衰变。再比如居里夫人[31]发现的金属镭，也是一种强放射性元素，其中最稳定的同位素镭 226，半衰期约为 1600 年，就是说 1600 年后会有一半变成氡。

至于人类诱发情况下出现的快速裂变，情况就更为严重，比如原子弹爆炸。当铀等重元素物质满足“临界体积”等基本条件后，突然用中子去轰击它的原子核时，就会引发核裂变，瞬间释放出巨大能量，同时放出更多的中子，去轰击更多的重原子核，形成“链式反应”。但是在链式反应过程中，并非所有原子核都发生裂变了，而是有相当多的重原子核不但未能裂变，而且被爆炸能量抛洒得到处都是，然后它们还会继续不可阻止地缓慢发生着自己的稳定衰变，不停地朝外发出能量射线，这就形成了“核污染”。

在人类记忆中，这种由重元素原子自然衰变或快速裂变时发射的能量射线，都是对人体极其有害的。二战期间日本遭受美军原子弹轰炸后的幸存者所受的病痛折磨，苏联时期切尔诺贝利核电站[32]事故后留在原地的各种动物出现的奇怪变异，都清楚地表明，核辐射对人体和动物基因非常有害。造成这种伤害、促发动物变异的，正是铀等重元素原子裂变、衰变过程中发出的能量射线。

[31] 居里夫人，全名玛丽亚·斯克沃多夫斯卡·居里，1867 — 1934 年，世称“居里夫人”。法国著名波兰裔科学家、物理学家、化学家。1903 年，由于对放射性的研究而获诺贝尔物理学奖，1911 年因发现元素钋和镭又获诺贝尔化学奖，成为第一个两获诺贝尔奖的人。居里夫人的成就包括开创了放射性理论、发明分离放射性同位素技术、发现两种新元素钋和镭。在她的指导下，人们第一次将放射性同位素用于治疗癌症。由于长期接触放射性物质，居里夫人不幸患恶性白血病逝世。

[32] 切尔诺贝利核电站，是苏联时期最大的核电站。1986 年 4 月 26 日，位于乌克兰基辅市以北 130 千米处的切尔诺贝利核电站第四号反应堆发生爆炸，污染了欧洲大部分地区，酿成了世界上最严重的核事故。由于苏联政府对消息严密封锁，应急反应非常迟缓，导致在瑞典境内发现放射物质含量过高后，事故真相才被曝光于天下，受到国际社会广泛批评。

但是，这种射线的作用距离十分有限，力量也很弱。尤其是单个核原子或几个、几十个核原子发出的射线，作用距离和强度都极其有限，有限到可以忽略不计。它根本无力像宇宙射线那样，能够飞奔上百万甚至上千万年，跨越亿亿亿万千米，依然威力无穷。尤其是铀衰变发出的阿尔法粒子，用一张纸就能挡住。

这就好比一个熊孩子用弹弓去打 10 千米外小山顶树尖上的一个麻雀，那他用尽吃奶的力气，也不可能打到那里。但是如果是用榴弹炮[33]，那一炮就解决问题了，连大树本身，甚至连半个山头都轰掉了。

熊孩子打出的弹丸，与大炮射出的弹头，都是由同样的中子、质子和电子组成的，整体上也都是受到发射能量推动，但两者的威力尤其是作用距离却完全不成比例。如果把那只不幸的麻雀放到熊孩子跟前儿，那肯定也是一下就干掉了，只要他能打准。单个铀原子衰变时发出的能量及作用距离是非常有限的，就如同熊孩子打出的小弹丸儿；而宇宙射线发射源头的能量，却比榴弹炮的弹头要大出亿万倍，而且这些杀奔远方的射线是没有质量、只有能量的，所以它们能够以光速前进、永远前行。

正如不幸的麻雀被放到熊孩子跟前、被他用弹弓打中那样，所有处在核污染环境中、被核物质辐射伤害的人或动物，都是因为与衰变中的原子发生了极近距离的密切接触。其中，有很多人、很多动物，是因为在被动被迫或茫然不知的情况下，把核放射物

[33]榴弹炮，是一种身管较短、弹道比较弯曲，适合打击隐蔽目标和地面目标的野战炮，可以配用榴弹、燃烧弹、杀伤子母弹、碎甲弹、制导弹、增程弹、照明弹、发烟弹、宣传弹等多种弹药，采用变装药变弹道可在较大纵深内实施火力打击。按机动方式，榴弹炮可分为牵引式和自行式两种。

质的原子大量地吃下去、喝下去、吸进去，或者沾在皮肤上、毛发中了。这就等于是无数个极小的放射源，在连续不断地对细胞、基因进行“贴身攻击”。

发生过严重核泄漏事故的切尔诺贝利核电站附近，后来为什么会出现许多体型超大的怪异老鼠？就是因为它们的父辈、祖辈，在觅食活动的过程中，沾到或吃下了放射性的核物质原子，然后这些原子就会一直在其体内攻击、伤害细胞和基因，导致基因发生了遗传性变异。反过来讲，如果给一只老鼠穿上严严实实、密不透风的，带有氧气瓶、饮水瓶、食物罐的防护服，那它在核电站附近怎么活动都不会有危险，因为没有一个核物质原子能够靠近它，更不能进入它的身体，所以它就非常安全。

我们再打个别的比方吧！比如一个圆珠笔笔尖内的小金属珠儿，很小，小到落到地上都不容易找见，小到你把它烧红了，都可以离它很近而不怕被烫伤。但如果你把它按到皮肤上，那它一定会把你烫伤，直到它变凉。问题是，铀、钚等重元素的原子却始终不会“变凉”，它一直都像烧红了的圆珠笔笔尖小珠儿那样，发出射线，绝不停止，直到完全衰变为铅原子。如果它沾到了你的皮肤上，或者被你吸入、吃下，那它就会一直在伤害你。

离熊孩子足够远的麻雀，非常安全；而靠得太近，就会被熊孩子的弹丸打中而受伤甚至丧命。核放射物质对人和动物的伤害，就是这样造成的。反过来说，只要保持与核物质的隔绝状态，比如穿上厚一点的防护服，戴好防毒面具、手套，扎好领口、袖口、裤口，然后哪怕就直接从核沾染区走过，身体也不会受到伤害。

当然，如果真这么做了，脱离“险境”后还要赶紧用净水大量冲洗，在核防护领域这叫“洗消”。把身上可能沾染的放射物去掉，然后丢弃那些防护衣服，换上干净衣服，这就照样可以保证高枕无忧。

这种由重元素原子裂变、衰变发出的射线，要想在较远距离上穿透防护、伤害人体，必须保证重元素原子的总体数量极其巨大、爆发时间极其短暂、射线爆发极其集中才行。比如原子弹爆炸，“轰”一下，就那一瞬间，什么恶魔都跑出来了。当然，要是真的处于原子弹的中心杀伤范围之内，那不论怎么防护也没用，尤其是在爆心之下或距离不远处，那是一定会丧命的，因为原子弹爆炸实在是太厉害了，在爆心之内连钢铁都会瞬间气化。所以，这个就不说了。

还有更厉害的，比如氢弹。氢弹的爆炸原理，与太阳那样的恒星在长达上百亿年的历程中每时每刻所发生的爆炸的原理，是完全一样的，即轻元素原子聚变为较重原子，而不是重元素原子裂变为较轻原子。只不过，氢弹爆炸是瞬间完成、不可控制的，而恒星却是内部由氢等轻元素聚变为氦等略重的元素，一级级递升，一层层聚变，不断产生向外的能量，但同时却又持续受到来自外围巨量物质的“重压”，两者保持平衡，所以虽然每秒钟都在发生不止一种核聚变，但星球能安全运转几十亿、上百亿年甚至更长。

注意，轻元素原子聚变所产生的能量，远比重元素原子裂变要大得多，而且是大很多很多倍。比如，武器级原子弹的核裂变爆炸能量，顶多相当于几万或几十万吨 TNT 炸药，再多就得把原子弹做得很大很大，搬也搬不动，运也运不走，扔也扔不成，如果引爆的话就只能炸死制造者自己了。而氢弹，却能在保持体积不是很大、可以到处投放运送的前提下，实现爆炸总当量的极大增长。苏联引爆过一颗人类有史以来最大当量的氢弹，起名叫“伊万”，竟然达到变态的 5000 万吨，爆炸时几乎让小半个地球都颤抖了一下，厉害得连苏联人自己都害怕了，从此没人敢做威力如此巨大的氢弹了。看来，多亏这个“伊万”胖子的“壮烈展示”，这才吓住了那些军备竞赛狂人，然后才保住了地球。

氢弹可以做得体积不大而威力很大，是因为核聚变发出的能量远远大于核裂变。但是，氢弹要想成功爆炸，必须瞬间得到足够的温度和压力，所以必须要在内部先引爆一颗原子弹。就是说，每颗氢弹里面，都有一颗原子弹当“雷管”[34]，要不然氢弹都没法启爆。所以，由不会裂变也不会衰变的轻元素物质组成、理论上不应该造成放射性核污染的核聚变武器氢弹，爆炸之后也会留下严重的核污染，因为里面有颗核裂变武器原子弹的“心”啊。其实呢，爆炸后洒得到处都是的重元素核沾染物，依然是里面的原子弹留下的。（见图 57）

不过，不论是套着原子弹“雷管”的氢弹，还是纯粹的原子弹本身，其爆炸后留下的核沾染物，要想伤害到人类和动物，就都得沾到人和动物的皮肤、毛发上，或者吸入、食入体内才行。

---

[34]雷管，是一种爆破工程的主要起爆材料或部件，通过产生起爆能来引爆各种炸药及导爆索、传爆管，主要分为火雷管、电雷管和触发雷管，广泛应用于工业、军事等领域。

当人类和动物离爆炸区、沾染区保持足够距离时，就完全不会受到核辐射的伤害了。除非有人非要不加防护、跑去现场旅游一下，给身上、体内来点“核放射物质营养快餐”。（见图 58）

而且，哪怕是从爆炸区、放射区拿出来的物体，虽然它被严重辐射过了，但只要确认它里里外外都不带一个放射源原子了，那就尽可以摸它甚至吃它喝它,不会有事的。因为对这个物体来说，放射已经结束，不会再有新的射线产生，除非再次受到“核污染”，即重新沾染到新的、正在衰变的重元素原子。平时，大家之所以都不敢碰这类东西，那时因为无法断定上面是否还带有放射性物质沾染。其实，只要没有专门洗消过、检查过，多半也确实会有，可能还不少，所以就总是带有放射性。

比如著名科学家居里夫人用过的实验器材、看过的书籍资料、用过的工作笔记，到现在都用厚铅箱子封存着，没人敢轻易翻动，因为那些物品上面全是当初沾上的放射性物质镭。如果去除了这些镭，一个镭原子都不剩，那也可以随便摸、随便看，毕竟上面还有许多珍贵的实验数据呢。与居里夫人的记录本、与原子弹、与氢弹相比，还有更更更更更更更更厉害的“大家伙”，那就是宇宙中无处不在的超大恒星。前面我们说过，超大恒星生命终结、发生超新星爆发时，会向宇宙空间发射超级多、超级猛的高能射线。

宇宙射线与核辐射不沾边儿

表面上看，论起对人类和动物、植物的细胞、基因的伤害，这些纯粹由恒星平时及爆炸时层层核聚变所产生的射线能办到的，铀、钚、镭等重元素原子裂变衰变时发出的射线也能办到。所以，人类不穿宇航服就暴露在太空中，一定会死，而且会死得很快。当然，死得这么快，那还有太空里温度太低、没有空气的原因。可是，如果穿上厚棉衣、裹上厚被子，不怕冷了，再加个呼吸器能喘气了，还是活不下去，因为普通的民用棉衣、被子、呼吸面罩虽然能防寒、能送气，却不能像宇航服那样具有防射线功能。

核裂变衰变发出的射线和宇宙射线，都能对人和动物的细胞、基因造成严重伤害，只不过是一个需要“近身肉搏”，另一个却是“长途赶来”。但实际上，这两种射线却还是有着根本的不同。来源于超新星爆发,以及中子星、黑洞等特殊星体发出的宇宙射线，以光速飞奔无数个年头，最终到达地球上空时，只是作为能量出现的，并没有把制造他们的源头，即超新星物质，给携带过来。

更关键的是，即使它们打破自然规律，真的能够携带一些氢啊、氦啊、碳啊、氧啊之类的恒星物质，一路飞奔过来，这些物质也不会对人类和动植物有什么伤害，因为这些物质不会一天到晚一刻不停地自动衰变、发出射线，而且地球上本来就到处都是这类物质，我们人的身体成分中就少不了它们啊！比如我们每个人的身体，70% 都是水分，而水却正是由氢和氧组成的。那么，你天天都在放射你自己吗？没有吧。

所以，轻元素原子们的核聚变，不论是在遥远的恒星中，还是在地球上的氢弹中，聚变完了就完了，除了朝外丢出一大堆射线外，不会拖拖拉拉纠缠不休地造成核沾染等后续环境问题。而重元素原子们却不同，不论是以核裂变形式瞬间发生大爆炸，还是通过自然衰变缓慢而任性地放出射线，它们的残余物质一直都在，而且一直都会持续不断地放出新的射线，每个原子都是这样，谁靠近它谁就会吃大亏。

对植物的种子来说，如果把它们放到核弹爆炸、核电站事故现场，或是放到一大块铀表面，去促发其产生基因变异，那它们一定会因为沾上核放射物质而随之带有放射性，那肯定是吃不得、碰不得的，产量再高也不行。话又说回来，这么危险的、吃力不讨好的事，谁会去做呢！

现在，大家就都该明白了，我们需要提防的“核辐射”，其实是那些始终在放射新射线的重元素物质。而且这种提防其实很简单，不要靠近、不要接触，更不要吃下喝下，就没事，因为它们的单个原子发出的射线作用距离实在是有限。（见图 59）

刚才说过，重元素物质原子裂变或衰变时产生的能量，要比轻元素原子聚变时产生的能量小得多，简直不是一个数量级。那么，同样数量的氢原子聚变时的能量，到底有多大呢？告诉你吧，一百万个氢原子同时聚变为氦原子时产生的能量，仅够一个跳蚤完成一次跳跃！那为什么太阳那么厉害呢？那是因为太阳内部同时参加核聚变的原子，数量实在是太多太多太太多了。

比氢原子聚变能量更小的单个儿重原子裂变衰变所产生的能量，小到什么程度、作用距离近到什么程度，就可想而知了。总之，如果有人邀请你去吃“铀原子”火锅，或者让你试试“钚原子面膜”，那你可千万别去尝试，因为那个发出邀请的家伙一定没安好心，他是想要你的命，而且他知道只有让放射性重元素原了进入你的身体、贴近你的皮肤，才能伤害到你。

至于到近地宇宙空间去走了几圈又回到地面的太空种子，你还用担心吗？完全不用，因为它们在太空中除了接触宇宙深空飞来的、完全不带重元素放射性物质的高能射线之外，完全不可能接触到铀、钚、镭等不断发生自然衰变的重元素原子。为什么呢？我们不妨再归纳一下：

第一，从“起点”上讲，宇宙射线都是起源于极远空间中的超新星爆发、中子星脉冲、黑洞辐射等，都与核裂变无关；离地球最近的发射点也是一直在忙着核聚变的太阳，同样不存在核裂变；只有超新星爆发瞬间所制造的重元素物质原子，才具有放射性，但它们却没有能力跟着射线一路飞奔，事实上任何一个物质原子都不可能跟着射线到处跑，都是只能留在超新星爆发原地的空间内，在漫长的时间内慢慢扩散。

第二，从“终点”上讲，宇宙射线到达地球上空时，仅仅是作为能量出现的，并未携带任何铀、钚、镭之类的永久性重元素原子核放射源，射线们想带也带不动，因为射线是只有能量没有质量的，不允许携带哪怕一个实实在在的原子；太阳风以及太阳耀斑爆发时向外喷射的能量，也同样如此，包括大量涌来的中子、质子，都不是原子，同样不可能衰变而带有放射性。

第三，从“过程”上讲，宇宙射线对种子的照射与冲击，都是瞬间完成，干完就走，甚至是边干边走，事实上它根本就不知道曾经穿过一颗或一堆种子，更不会随着种子来到地面。它想来也来不成啊，有地球大气层和磁场在阻挡着哪！

所以，太空种子只是内部基因在宇宙射线的冲击下，发生了一些这样那样的变异，但却绝对不会带有放射性。除非人类中有哪个不要命的、仇视社会、痛恨人类的变态家伙，抓一把铀粉末或舀一勺钚稀汤，偷偷抹到种子上。问题是，这可能吗？（见图60）

说到这里，我们还得讲一下宇航员们的防护问题，这点请大家放心我们，因为现在制造宇航服的技术已经很过硬了，分类也比较详细，宇宙射线是难以伤到宇航员的。而种子，却不可能有这样的防护。（见图61）

转基因是另外一码事

现在，估计又有人要问了：“好吧，我明白太空种子都不具备核辐射危害了。但是，它们在太空中毕竟是发生了基因变异，那是不是转基因呢？”是，但也不是。太空种子确实发生了基因变异，但这种变异却不是转基因。

所谓转基因，是指将某种生物，比如植物甲，把它的基因中的一个或一组片段，转移到另一种完全不同的生物，比如植物乙的基因组合之中，由此创造出一个新的生物来，比如植物丙。植物丙，可能与植物甲、也可能与植物乙外形相似，但三者的基因组都不相同。

简单说，转基因就是在某种基因中引入外来基因。而太空种子所发生的基因变异，却完全是在某个种子的单体内部完成的。当种子处于微重力、弱地磁、高真空、超低温、高洁净、多变化的太空环境中，被来自四面八方的高能宇宙射线“轰击”时，其内部DNA上的基因中，会发生断裂、扭曲、重组等各种变化。

那时，种子的基因们只要没有被完全摧毁，就会仅仅发生变异而不是消亡；当种子回到地面、种入土壤，并发芽出苗、成长壮大时，它所表现的各种特征，就都是受到变异后的基因所控制的了。但是，在接受射线轰击、发生变异，再回到地面种入土壤的全过程中，每一个种子的基因变化都是“自主完成”的，没有任何一点外来基因的干涉和参与，就连跟这个种子挤在一起的其他同类种子的基因，也不可能跑过来跟它捣乱一下，除非是返回地面后的繁殖过程中，同种植株之间通过花粉传播等途径实现“自交”。

所以，太空种子只是在“变基因”，而不是在“转基因”；小麦依然是小麦，只不过变得产量更高，或者更抗倒伏；青椒依然是青椒，只不过变得个头更大，口感更佳。总之，永远不会“小麦吃出青椒味，青椒用来做面包”。

关于转基因，我们也得声明一下，目前全球范围内对转基因食品是否有害、是否可吃，依然没有定论。这个定论，也不应该由本书来作出。与此同时，世界上的转基因食品已经越来越多了。有些诺贝尔奖获得者，已经开始联名要求为转基因食品正名了。

其实，就连中国古代的农民，也早都在制造转基因食品了。对果树的嫁接，就是在用两种不相干的基因重新组合为一种全新的基因，从而培育出一种地球大自然环境中永远不可能自主出现的新水果来。这样的水果，你没吃过吗？

再比如骡子。这是一种奇特的动物，地球上开始出现同等大型食草动物时，并没有创造出骡子来。那它是哪来的？是由毛驴和马杂交孕育出来的，这也是典型的转基因。（见图 62）

也许，地球上第一头骡子的出现，是由毛驴和马“打破传统观念束缚”，进而“自由恋爱、离群私奔”后生下来的，没有人类当“媒人”。但到后来，人类却发现骡子们，特别是由公毛驴儿和母马杂交生下来的“马骡”，能够同时拥有驴和马的共同优点，于是人类就开始整天这么“乱点鸳鸯谱”了。反过来，由公马和母驴杂交生下来的叫“驴骡”，优点不如马骡多，缺点不比马骡少。所以我们说到骡子时，主要是指马骡。

骡子有哪些优点呢？它既有马的灵活性和行走力，又具备驴的坚韧性和负重能力，而且力量比马大、吃得比马少，省吃能干，还老实听话、聪明好管，又“形体不胖不瘦，形象气质颇佳”，谁不喜欢呢？当然，骡子的缺点也很明显，比如它跑得没有马快了，也不能跟其他骡子拍拖结婚生小骡子了。

优点也好，缺点也罢，都是某种基因被外来基因侵入而发生变化，出现新的基因所致。水果甲与水果乙通过人为嫁接实现杂交后，搞出一个具有不同于两者的全新基因的水果丙，是这样；食草动物甲公毛驴与食草动物乙母马杂交后，生下一头具有全新基因的、能干能走省料听话的大骡子，同样也是如此。

再说到目前国内市场上常见的很多粮食作物、经济作物，其实都是进行过转基因处理的国外产品了。比如超市里常见的豆油，有很多就是用来自美国的转基因大豆榨取的，有谁没吃过呢？在家里不吃，去饭店也会吃到啊，貌似什么事都没有。当然，中国的大豆也能榨油，但中国大豆蛋白质较多，适合做豆腐豆浆，榨油时出油率却不太高，而美国转基因后的大豆却适合用来榨油。

总之，对转基因食品都完全不必担心，更何况根本不是“转基因”而只是“变基因”的太空种子，以及由太空种子培育而来的太空粮食太空蔬菜太空水果呢！

如果还有人说，虽然没有核辐射，也不是转基因，那说不定还会有其他尚未发现的潜在问题呢！这个也不用担心，因为自打种子返回地面那天起，从尚未种入土壤开始，航天育种科学家们就开始对它们进行里里外外全方位的检测化验、观察培育了，而且都是长达4年之久反复进行，哪怕发现一点点“拿不准、说不清”的异常表现，都会立即剔除的。事实上，联合国国际粮农组织、国际卫生组织、国际原子能机构早已联合认定，太空种子是当之无愧的“安全种子”了。

所以，请大家不必对太空种子、太空植物心存疑虑。放开胸怀，支持和拥抱我们的航天育种科技产业吧！

【图 57】核辐射是哪来的

1. 原子弹（核裂变）爆炸。
2. 氢弹（核聚变）爆炸。
3. 这种缓慢而长期的放射性衰变，也就是核辐射，只能防护，但无法阻止。
4. 核电站核泄漏事故示意图。
5. 核裂变反应示意图。

真正能够长期对动植物造成核辐射伤害的，其实主要是放射性重元素原子核自然衰变时发出的射线。包括核爆之后的放射性危害，也是残留物质的缓慢衰变。

【图 58】核辐射怎样危害人体

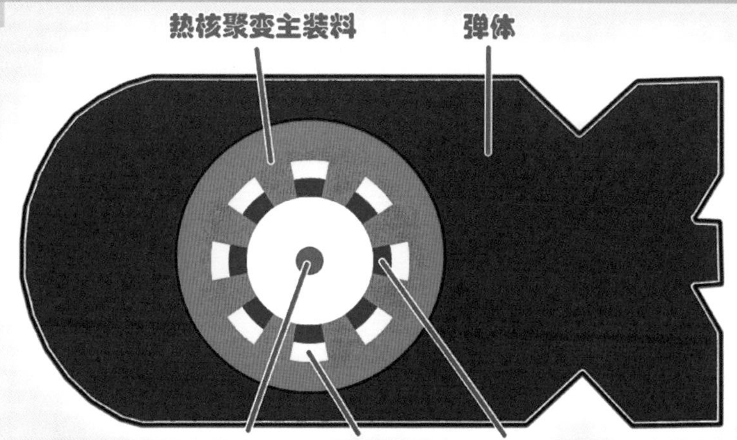

1. 前面说过，氢弹爆炸就是核聚变反应，与恒星运行的原理是一样的。那么，为什么氢弹爆炸后也会像原子弹爆炸、核电站泄露后那样，留下长期性的核放射沾染呢？那是因为只有在氢弹内部首先引爆一颗原子弹，才能产生足以引爆氢弹的足够温度和压力。氢弹爆炸后产生的核放射沾染残留，其实是它内部原子弹留下的。
2. 核放射沾染的几种主要形式。不论是核武器爆炸还是像日本福岛核电站泄露那样的核事故，放射性物质沾染的途径都是这几种。
3. 但是，核放射性物质的作用距离极其有限，要想对人和动物造成伤害，就必须密切接触甚至进入人和动物的身体。对人来说，主要就是通过图中的 4 种基本途径。

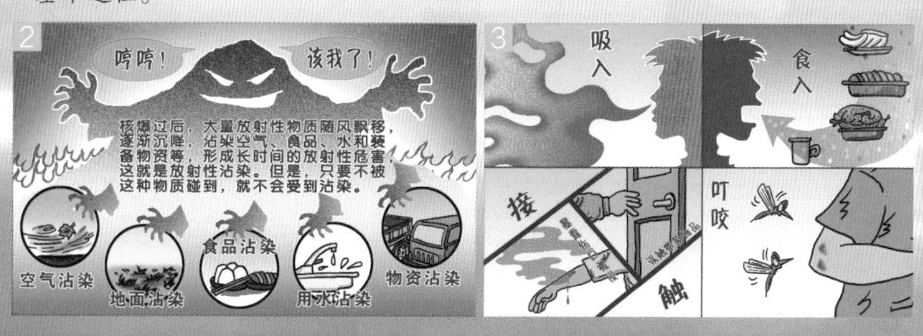

【图 59】核防护其实很容易

1. 洗消去除放射物质。
2. 顺风抖掉沾核尘土。
3. 出门之前严密防护。
4. 这些用品都能管用。
5. 怀疑沾染立即冲洗。
6. 想吃瓜果先得冲净。
7. 密封储存防止沾染。

现在我们就都知道了，只要确保不让缓慢衰变中的铀等放射性核物质沾到皮肤上、进入身体中，就不会有什么危险。至于防范和去除的办法，其实也很简单。这 7 幅漫画，是说明战时遭遇敌方核袭击后应当采取的几种防护和去除核物质的几种办法，都很管用。

【图 60】太空种子与放射性物质无关

1. 与放射性重原子核发出的那点能量相比，宇宙射线、太阳风暴显然更厉害。但它们在太空中对植物种子的作用是瞬间完成的，种子虽然出现基因变异，却只是接触过射线，而不会接触到铀等任何放射性物质，更不可能带着放射性回到地面，因为宇宙射线是基本能量粒子组成的，根本不存在也没有办法携带任何原子核，更别说铀钚镭这类放射性重原子核了。

2. 所以，太空种子、太空植物，全都与放射性核辐射没有半点儿关系，更不会对人的基因造成不利影响。

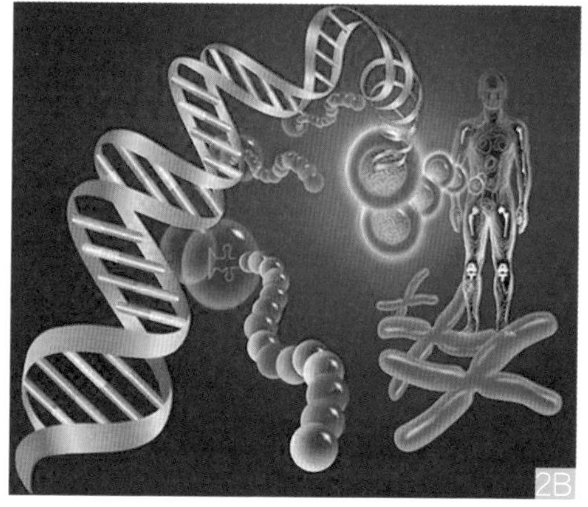

【图 61】宇航员的基本防护

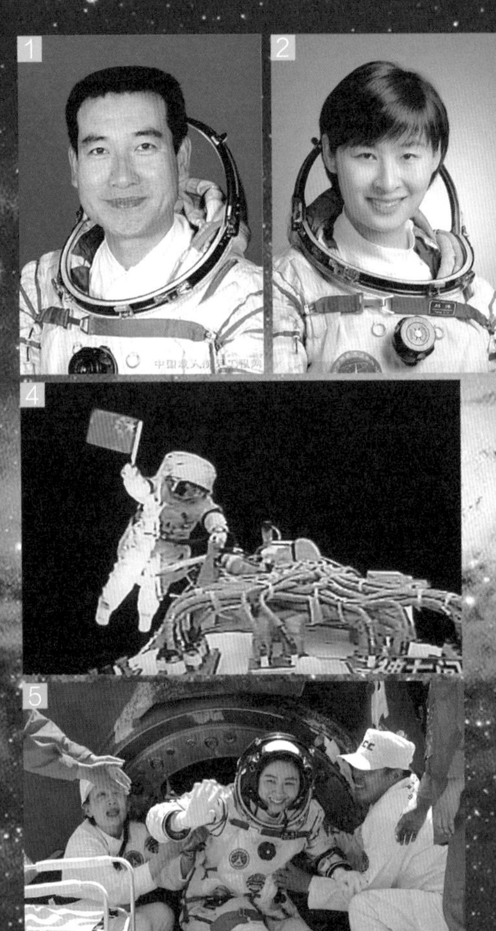

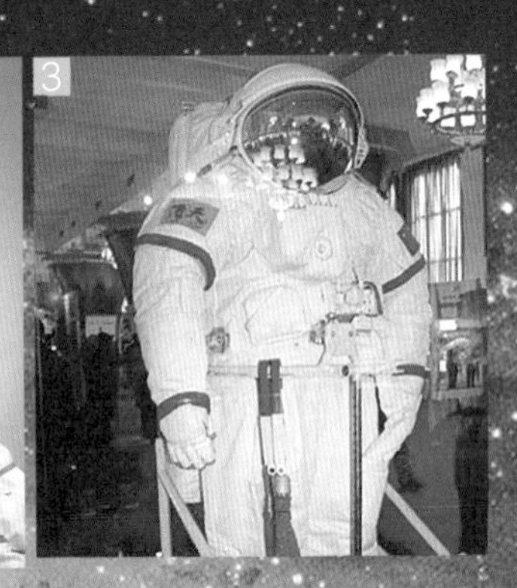

1 中国太空行走第一人翟志刚。
2 中国首位女航天员刘洋。
3 专门用于在太空中出舱活动的舱外航天服。
4 翟志刚在太空挥舞五星红旗。
5 刘洋返回地面顺利出舱。

需要注意的是，航天员在太空中飞行时，就跟植物种子一样，也是处于各种射线之中的。但是，航天员平时处于航天器的保护之中，出舱工作时又有专门的舱外航天服，足以抵挡宇宙射线轰击，确保航天员生命安全。不过，航天员若长时间在太空微重力等环境中停留，还会出现心理、生理等其他方面的潜在问题，但多数不是宇宙射线引发的，也不是航天服能解决的，而是需要各国航天科技专家继续攻关研究来解决。

【图 62】什么才是转基因

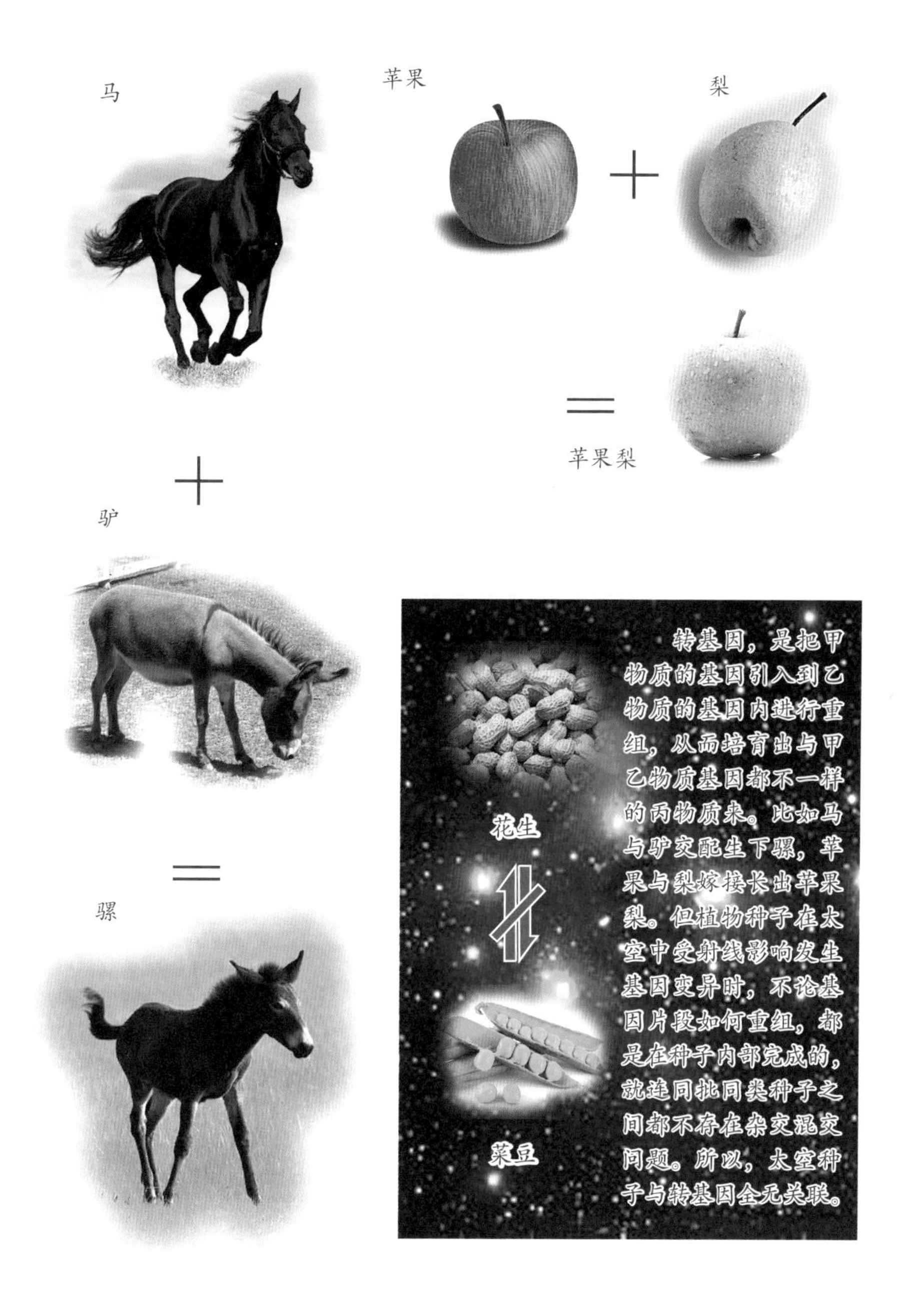
马
苹果
梨
苹果梨
驴
骡
花生
菜豆
转基因，是把甲物质的基因引入到乙物质的基因内进行重组，从而培育出与甲乙物质基因都不一样的丙物质来。比如马与驴交配生下骡，苹果与梨嫁接长出苹果梨。但植物种子在太空中受射线影响发生基因变异时，不论基因片段如何重组，都是在种子内部完成的，就连同批同类种子之间都不存在杂交混交问题。所以，太空种子与转基因全无关联。

【第九章】

无限风光在险峰

——前途光明，任重道远

中国的航天育种科技和产业，无论是发展速度还是整体规模，无论是品种类别还是机理研究，都已经走在了世界的前列。但是，与中国目前作为农业大国、人口大国的特殊国情相比，与全国可耕优质土地占国土总面积比例有限的现实相比，与尚未得到充分满足的产业发展需求、相关市场需求、人口粮食需求、土地改造需求、环境保护需求等相比，中国航天育种事业还存在着某些需要加强和改进的地方，还需要付出更多的努力。

到 2017 年，中国航天育种事业就满 30 年了。不论从航天科技领域来讲，还是从现代新型农业科技的角度看，这 30 年的成就都是足以令国人自豪的。

得益于国家的高度重视和众多航天科学家、农业科学家及无数相关科技工作者的共同努力，中国航天育种事业从一开始就是沿着一条正确的技术路线在走，从探索性搭载到基本做到次次搭载，从小批量试验到发射专用卫星；从模仿美苏作简单太空生物实验到实施产业化规模发展，从纯粹由专门科研单位、高等院校主导到地面选育基地成批出现；从主要由航天科技工作者实验性研究到各地育种专家甚至广大农民广泛参与……无论是研究品种、审定品种的数量，还是内在机理[35]、选育规律的探索，都已经走在了世界的前列。

不过，正所谓“风光无限好，却只在险峰”。中国航天育种科技和产业的成就，已经令世人瞩目，这是不争的事实。但是，与中国目前作为农业大国、人口大国的特殊国情相比，与全国可耕优质土地占国土总面积比例有限的现实相比，与尚未得到充分满足的产业发展需求、相关市场需求、人口粮食需求、土地改造需求、环境保护需求等相比，与尚未得到充分发挥的各级各类科研院所、专家学者、科技工作者和各级地方政府、广大农民的主动性创造力相比，与欧美少数发达国家在同领域某些项目上的尖端水平相比，中国航天育种依然还存在着某些需要加强和改进的地方。

目前看，我们似乎可以从以下几个方面，提出一些看法、问题，同时也是出于对航天育种事业的充分关注、高度关爱所提出的肤浅建议。

第一，从宏观统筹上讲，应该进一步实现这样一个目标，就是尽可能在全国范围内完全“管住”或“包住”航天育种科技和产业的方方面面。

纵向看，从航天器设计、预先选种、在空飞行直到返回地面、

[35] 内在机理，主要有两种含义，一是为实现某一特定功能，某种系统结构中各要素的内在工作方式以及诸要素在一定环境下相互联系、相互作用的运行规则和原理；二是指事物变化的理由和道理。任何研究工作能否实现应有效率和效果，也能否掌握内在机理密切相关。

选育定型等各个阶段，是否每个环节都是着眼于、立足于航天育种科技和产业的内在需求、长远需求和全局需求，从而把每个环节的效益都做到最大化、基础化、长远化？

横向看，航天育种各个重点项目的立项审批、经费支撑、评审鉴定、推广应用等各项工作，是否能够最大限度地综合发挥航天科技、生物科技、政府力量、农业农村等各个方面的潜在优势？或者说，能否参照当年研制“两弹一星[36]”那样的模式，针对某个或某类始终制约航天育种科技和产业快速长远发展的关键技术难题，有没有更好地统筹协调全国各相关政府部门、科研学科专业等的力量，集智集力协同攻关，力求尽快加以攻关解决？

局部看，当某个地区的政府部门、科研院所、农科专家、农村农民都对航天育种科技和太空作物种植非常渴盼时，能否在较短时间内得到成熟技术成果、高端科技团队的及时支持、指导和后续服务？反过来讲，当某个科研院所的某个航天育种项目获得成功、亟须推广时，能否及时做到在相关市场上广为人知，能否及时在条件适合的地方迅速普及推广，能否尽快产生出应有的社会效益和经济效益？

第二，从技术内涵上讲，应该进一步追求这样一种高度，就是尽可能在航天育种深层机理研究上取得世界级的更新突破。

尤其是太空环境诱发、促使植物种子发生变异的内在、微观、

[36] 两弹一星，最初指原子弹、洲际导弹和人造卫星，后来“两弹”中的一弹由原子弹演变为原子弹和氢弹的合称，即“核弹”。1960年11月5日，中国仿制的第一枚近程导弹发射成功；1964年10月16日15时，中国第一颗原子弹爆炸成功；1967年6月17日上午8时，中国第一颗氢弹空爆试验成功；1970年4月24日21时，中国第一颗人造卫星发射成功。中国的“两弹一星”，是20世纪下半叶中华民族创建的辉煌伟业。

根本原因，究竟是什么？目前看，我们似乎对其机理掌握了很多，但实际上这种了解有时还是表面化、传统化的，而不是深层次的、根本性的。

具体到某个类别的同一批种子，明明在上天之前是统一筛选而出，那为何在同样一个航天器中，在同样的时间段里经历了同样的太空环境，却有的会发生良性变异，有的则恰恰相反、出现非良性变异，而有的却完全“没有反应”，这里面究竟有什么“玄机”？当这些种子返回地面进入选育阶段后，又为何会有的能够将变异性状遗传给后代，有的却“昙花一现”进而“功力尽失”？来自同一块土地甚至取自同一棵植株的同一批种子，其内部构成如细胞、染色体[37]、DNA、蛋白质应该是非常相似的，否则它们便不成其为同一批种子，那为何存在如此之大的差异？

几十万年来，人类历代育种专家经历了从“被动等待”到“主动出击”的巨大变化。我们说过，早期育种专家主要是依靠在大田中“坐等”大自然偶尔“赠予”一份“变异种子”，而近现代的育种专家则是变“被动等待”为“主动出击”，先是在地面上制造微重力环境、零磁场、强辐射环境，后来又用高空科学气球帮助种子“尽力爬高”，再后来又开始出现航天育种、送种子进入太空。

但是，认真探究起来，当把种子送入太空、再到种子返回地面这个一般为期数天甚至更长时间段之内，我们是不是又进入了

[37] 染色体，是细胞内遗传物质深度压缩形成的聚合体，易被碱性染料染成深色，故名染色体，由染色质组成。染色体和染色质是同一物质在细胞分裂间期和分裂期的不同形态表现，其本质都是脱氧核糖核酸（DNA）和蛋白质的组合，不均匀地分布于细胞核中，是基因的主要载体。

一种新的“被动等待”呢？某股击中航天器、进而击中太空种子的高能宇宙射线流，一定是“集团军”式的，而不会是单个的高能粒子，否则它不可能从极其遥远的宇宙深空“杀”到这里来，半路上就会被其他星云、星系、恒星甚至暗物质等的巨大引力“抓走”。那么，当同样构成的一股射线流击中同样构成的一批种子时，种子之间变异情况大不相同、变异保持能力也大不相同的原因是什么？当同样一类粒子击中同样一粒种子的某个DNA时，DNA上究竟是哪个片段最先变化而且无法自动恢复原状，从而将变异结果保留下来？或者说，当微重力、弱地磁、强辐射等因素综合作用，干扰DNA向其他分子发出的指令时，究竟是哪一类指令信息最容易被中断、扰乱，或者被加强？等等。

假如我们能够早日搞清其内在根本原因，真正掌握其诱变规律，那就算是真正掌握了航天育种的“终极主动权”了，那就可以在种子被诱发变异的全过程中不是只当“观众”、而是升格为“编剧”和“导演”了。

第三，从人才队伍上讲，应该进一步达到这样一种境界，就是尽可能既有专业化、精细化的“高精尖团队”，又有足够多、足够广的“普及型骨干”。

从某种角度上看，中国航天育种事业发展到今天，比选育成功一大批优良种子更宝贵的，是锻炼出了一支能够较好满足相关研发需求的专业或兼职骨干人才队伍。这支队伍中，有两院院士，有专家学者，有技术骨干，有政府干部，有新型农民。如果没有这样一支队伍，中国航天育种事业要想达到目前这样“独步全球”

的层次、规模和水平，是不可想象的。

诚然，我们不能要求作为航天科技或现代农业一个分支的育种科技和产业，在专业人才队伍上达到“举国之力”型的、航天科技本身的规模，但从全局看、长远看，这支队伍的规模依然还不够大，覆盖行业范围也依然还不够广，发展后劲潜力也依然还不够强。

如果我们拥有更多专门从事航天育种高端研究而不是兼职的人，尤其是那些在全球都拥有一定的航天育种专业话语权而不是单纯“借助其他研究之权威”的，甚至因取得独一无二的航天育种深层研究成果而获得世界级公认奖项的高水平、领军型两院院士，或者科研院所其他专家学者、技术骨干；

如果我们在各个相关高等院校，陆续开设一批覆盖航天育种各个相关领域如良种筛选、航天器设计、太空环境各能量场能量流诱发变异机理、地面选育、良种推广等的本科及研究生专业，形成一批专门的教师教材教具而不是总在“借他山之石”，建成一批专门的不同等级不同规模的专门实验室而不是到处“借他人之光”，从而为今后几十年甚至上百年的中国航天育种科技和产业以及中国现代农业发展，培养出一批又一批“招之即来，来之能战，战之能胜”的专门人才……

再看看我们当前遍布全国各地的航天育种科技产业研发基地、示范园区、试种农田。诚然，绝大部分都是较为成功的，为航天育种事业“成功落地、发芽开花”，起到十分重要的验证、繁荣作用。但是，并不是每一个基地、园区和农田，都有那种“上知天文，下知地理”，或者说“既懂航天科技、太空知识，又懂植物学、细胞分子学、基因学、土壤学、化学等各种相关知识”的综合型人才，进而形成覆盖全国的庞大队伍。哪怕“虽然不是专家，但也都不外行”，也比总是“摸着石头过河，跌着跟头走路”要强得多啊！那么，是不是应该更好地统筹抓好这些基层骨干人员的专业化入门培训、后续继续教育培训，进而全面加强后续梯队建设呢？

第四，从侧重方向上讲，应该进一步树立这样一种理念，就是尽可能在突出“当前重点”的同时，更好地兼顾“长远重点”。

所谓“当前重点”，主要是指当前在航天育种科技和产业推进过程中，表现出的已经成熟甚至成为惯例的一些做法。比如在上天之前的良种筛选过程中，很多部门、地区主要考虑的是能够尽快产生推广价值、进而赢得最大经济效益的品种，比如小麦、水稻等主要粮食作物，以及部分经济作物、观赏花卉等。这些工作是重要而且必要的。否则，中国过去存在、当前也面临的粮食、蔬菜、油料短缺等紧迫问题，就难以从航天育种层面去帮助解决。但是，还有一些见效可能不快但同样具有战略价值的项目，比如可以推进退耕还林、退耕还草、优化土地、改良环境等进程的草类种子，虽然有的如牧草等也曾有人专门引入航天育种领域，但目前看力度、规模还应当继续扩大。像这样的项目，就属于“长远重点”了，也是应当给予足够关注的。尤其是针对中国这样国土面积十分广阔，但其实沙漠荒地贫瘠土地占比例较大的特殊国情，这项工作的潜在长远意义就更是不可估量。

再比如在搭载设备的研究上，有时还是存在“有什么用什么”的现象，虽然曾经于2006年9月9日成功发射了专门用于航天育种的科学实验卫星“实践八号”，平时也会像“天宫二号”空间实验室那样安装专用小设备，但总的看尚未形成系列化、规模化、专门化的，具有较大高科技含量的专用成套搭载设备。这在应对平时随机式、零散式的“当前重点”临时需要上，是可以“称职”的。但长远看，面对需求如此之大的航天育种产业发展需求，应该成体系地研发新型的种子搭载设备了，而且这项工作有必要成为一个专门的学科，担负设计、制造、维修、使用、升级、研究等各种任务，达到让搭载设备既能适应各种航天器的不同环境，又同时具备储存、观测、抗毁、可控等多种功能的水平。

第五，从氛围营造上讲，应该进一步增强这样一种意识，就是尽可能一方面全力“务实”，另一方面还要适当“务虚”。

这里说的所谓“务实”，当然就是指几十年来航天科技和航天育种相关科技、产业领域中，一批又一批专家学者、技术人员、从业人员的拼搏进取；而务实的成果，便是目前航天育种独步全球的地位，以及支撑这个地位的大量太空作物、蔬菜、花卉新品种。

而“务虚”，主要是指理论研究、社会科普、宣传教育等等。就理论研究而言，表面上看现在关于航天育种科技和产业的会议讲话集、发言集，以及研讨文章集，似乎已经很多了。但是，这些文章里面，主要还是体现为“两多”，即“宏观指导性的讲话多，汇报育种过程的报告多”。这样的“两多”，同样十分重要，但似乎还应当通过立项引导、集中研讨等工作，大量增加那种深入实际的、实践性和可操作性更强的理论研究成果，要能够让各级各类专家学者、科研骨干、从业人员一听一看就觉得深受启发，拿去就可以借鉴采用，而且可以立即对解决某个具体的技术难题发挥引领指导作用，最大限度地避免“雷同撞车”“重复浪费”等形式的低效劳动。

再就社会科普和宣传教育而言，目前看不论是针对地方党委政府部门，还是针对各地高等院校、科研院所，以及对社会各界、广大民众的知识普及性宣传教育，力度明显不够大，针对性也明显不够强，事实上很多领域、很多地区就完全没有这样的意识，更没有这样的投入，还缺乏这样的人才。这项工作，非做不可，而且应当是抓紧去做了。

“只有重视宣传的行业，才是有希望的行业。”只有加强了宣传教育尤其是科普宣传，才能让更多的人，共同深入了解航天育种科技和产业的发展成就、战略意义，尤其是对国家发展、现代农业发展、科学技术发展、区域经济发展、环境优化保护的重大价值；共同深入了解太空种子和太空植物，与目前“辩论激烈”的转基因不是一回事，与世人恐惧的核沾染更是不搭界，而是一种建立在科学技术发展基础之上的、经过几十年发展实验和试用证明完全可靠的“绿色”产品……

这些工作做好了，航天育种科技和产业才能拥有更加雄厚的社会基础、群众基础，才能从宏观全局意义上赢得越来越多、越来越广的关注和支持。在此基础上，国家层面也好，各个地区也好，各个相关行业领域、部门单位也好，甚至全国各个重点地区的基层政府、人民群众也好，才能为航天育种打开更多的门，铺就更多的路。

注意，这样的宣传工作，尤其是成果成就宣传工作，还应当在立足国内的基础上，注重采取适当方式、在适当场合、用适当媒体，向其他国家和地区进行合理宣传。这不但是适应航天育种事业当前规模水平的紧迫需要，也是为将来更好地走出国门、迈向全球的重要基础性工作。这样的工作，从现在就应当着手去专门策划、专门部署、专门落实了。

当然，抓好宣传普及教育工作，还要注意不要做得过头、说得过头，否则必会过犹不及、适得其反。应当在坚持实事求是原则的基础上，有重点地把航天育种科技和产业中涌现出来的重要学术领军人物、重大科研创新成果、重点地区先进经验，以及各级各类先进典型模范人物，挖掘好、总结好、宣传好。这既可以从航天育种事业内部激发更大创业热情、增强行业自豪感，又可以扩大全社会对航天育种事业的关注度、增强国家和民族自豪感。

第六，从规范发展上讲，应该进一步强化这样一种机制，就是尽可能加强对航天育种科技和产业的全面保护。

任何一个新兴的、发展中的行业，都离不开尽可能多的保护。尤其是对航天育种这样价值高、意义大的朝阳事业，如果没有全方位的保护，就一定会受到某种侵害。

首当其冲的，是航天育种知识产权的保护问题。这些年来，已经有些地方，在推广太空植物种子的过程中，遭遇不法人员“盗版”“冒名”等各种版权侵害。诚然，很多太空种子在地面选育过程中，大量运用了性状标记、分子标记等手段，但在推广过程中一旦发生版权侵害事件，仅凭育种科技人员的精力和能力，是无法妥善维权的。尤其是那种以劣质普通种子冒充品牌太空种子的恶性事件，如果没有上级科研主管部门、当地政府有关部门的合力“围剿”，侵权冒用者是不可能受到严惩的，航天育种科技人员甚至航天育种事业的利益也是无法得到妥善维护的。

除了知识产权的保护，其他各相关领域也都有加大保护力度的需要。比如，航天育种科技和产业各级从业人员积极性、创造性的保护问题；各地育种基地和示范园以及推广种植土地使用年限、可用面积的保护问题；育种相关产业设施设备、种子种苗、成熟籽实果实花卉蔬菜以及土地本身遭受自然灾害、人为侵害时的保护问题……所有这些，也都应当注重加强顶层关注和设计，并针对各地区域实际和育种产业自身实际，逐级探索形成行之有效的、能管长远的制度法规体系、部门协作体制和灵活工作机制，以确保由局部健康到全局规范、从当前规范到长远发展，不断推进航天育种科技和产业始终在安全高效的科学轨道上，全面推进、加快推进。

当然，上述问题，如果真的算是一种问题的话，那其实也都是“前进中的问题”；这些问题的出现，是发展历程中的必然。由于各级主管单位、政府部门、科研专家，都已经开始意识和重视这些问题，因此我们可以更加相信，随着这些问题逐步得到妥善解决，航天育种科技和产业必将“好上加好、强中更强”。

从目前情况看，不论从哪个角度讲，都是令我们足以感到欣慰和自豪的。中国的航天育种事业，发展势头始终是强劲迅猛的；成果成就，也一直是层出不穷、不断涌现的。假以时日，通过努力，一定会有一个更好的明天，一定能够在实现“中国梦”的伟大进程中，甚至在焕发地球勃勃生机、赋予人类全新希望的过程中，发挥更大作用，产生更大价值，做出更大贡献。

这是因为，我们的航天育种事业，从地面选种，到搭载上天；从顺利返回，到地面选育；从优胜劣汰，到定向精育；从品种定型，到推广应用……堪称一项凝聚现代科技之大成，旨在造福国人千秋万代的浩大工程；

这是因为，我们的航天育种事业，承载了浩瀚宇宙自137亿年前诞生以来所产生的巨大能量，承载了地球形成之后数十亿中进化演变而成的万千植物种子中的精华，承载了拥有960万平方千米国土面积的中国作为农业和人口大国所要繁荣壮大、长久发展的历史重任；

这是因为，我们的航天育种事业，绝不是一件触手可及、唾手可得的小事，而是一座需要不懈攀登、不能言弃的险峰。但是，只要我们无数科学家、技术专家、大批工人农民，凝神聚力，万众一心，全国民众、社会各界共同关注、倾力支持，就一定能够继续阔步向前迈进，走向更大成功！（见图63、图64）

【图 63】航天育种成果早已遍及全国各地

如今，从东南到西北，从沿海到内陆，甚至从境内到境外，到处都有太空种子，在开花，在生长。一片片荒山因此变绿，一块块黄土因此丰收，一个个企业因此壮大，一批批农户因此致富。我们的天地，多么广阔！

【图 64】全新宏图正在天地间壮阔展开

2016 年 10 月 17 日 07: 30，“神舟十一号”飞船成功发射，将航天员景海鹏、陈冬送入太空。之后，飞船与“天宫二号”成功对接。两位航天员在轨工作长达 33 天，并于 2016 年 11 月 18 日顺利返回地面。这是中国航天迈向空间站时代的重要标志，是中华民族深空探索的重要节点。一幅全新宏图，正在天地之间波澜壮阔地展开；中国航天育种科技产业迅猛发展的全新时代，已经开始！

【参考文献】

[1] 刘纪原. 中国航天诱变育种. 北京：中国宇航出版社，2007年

[2] 刘敏. 植物空间诱变. 北京：中国农业出版社，2008年

[3]（英）史蒂芬·霍金. 时间简史——从大爆炸到黑洞. 许明贤，吴忠超，译. 长沙：湖南科学技术出版社，1996年

[4]（英）史蒂芬·霍金. 时间简史续编. 胡小明，吴忠超，译. 长沙：湖南科学技术出版社，1996年

[5]（英）史蒂芬·霍金. 霍金讲演录——黑洞、婴儿宇宙及其他. 杜欣欣，吴忠超，译. 长沙：湖南科学技术出版社，1996年

[6]（英）史蒂芬·霍金. 宇宙简史. 张玉纲，译. 长沙：湖南少年儿童出版社，2007年

[7]（英）彼得·柯文尼. 时间之箭——揭开时间最大奥秘之科学旅程. 江涛，吴忠超，译. 长沙：湖南科学技术出版社，1995年

[8]（德）鲁道夫·基彭哈恩. 千亿个太阳——恒星的诞生、演变和衰亡. 沈良照，黄润乾，译. 长沙：湖南科学技术出版社，1996年

[9]（瑞士）雷托·U. 施奈德. 疯狂实验史. 许阳，译. 北京：读书·生活·新知三联书店，2009年

[10]（英）理查德·道金斯. 自私的基因. 卢允中，张岱云，陈复加，罗小舟，

译. 北京：中信出版社，2012 年

[11] （美）比尔·布莱森. 万物简史. 严维明，陈邕，译. 南宁：接力出版社，2005 年

[12] （美）比尔·布莱森. 万物简史. 严维明，译. 南宁：接力出版社，2011 年

[13] （英）约翰·格里宾. 寻找多重宇宙. 常宁，何玉静，译. 海口：海南出版社，2012 年

[14] （美）阿尔伯特·爱因斯坦. 相对论. 易洪波，李智谋，译. 重庆：重庆出版社，2007 年

[15] （美）菲利普·布雷特. 地球的终结——未来世界是这样走向消亡的. 李志涛，王怡，译. 北京：中央编译出版社，2009 年

[16] 中国人民解放军总后勤部司令部. 核爆炸对后勤物资装备和军械的破坏及其防护，1982 年

[17] 陕西省人民防空办公室（民防局）. 防空避险知识漫画手册（中小学生版）. 西安：陕西人民出版社，2015 年

后记

时间过得真快。作为一名普通的从事作物遗传育种专业的工作者，进入航天育种这个发展中的科技领域，已经快十个年头了。

近十年来，得益于西安国家民用航天产业基地的正确领导、热忱关怀，得益于中国航天和航天育种界各级领导、专家和同行的信任、帮助与鼓励，得益于我的同事们的齐心协力、埋头苦干，西安航天基地航天育种科技产业示范园逐步走上了规模化、规范化发展的健康轨道，并开始力所能及地在航天育种技术和成果的研究开发、推广应用，尤其是在服务现代农业，特别是种业发展上，尽了一点微薄之力。

在此过程中，我和我的同事们一起，始终注意在品种选育中逐步积累经验，在示范推广中逐步探索拓展。尽管尚未达到令人满意的程度，但这个意识我们是一直都有的。由此，也产生了用通俗科普的办法，将自己的所学、所知与读者共同分享，共同提高，共同进步。

于是，便有了这本《航天育种简史》。它并不是纯粹意义上的学术著作，而是打算像讲故事那样，从宏观上讲述航天和航天育种的来龙去脉。为了在有限篇幅中容纳更多的相关知识，也为了吸引更多类型的普通读者，书中并没有单纯地就事论事，而是从探讨航天育种的内在机理开始，沿着航天育种这条主线，一步步展开了宇宙、恒星、星系、生命、人类、农业、航天、育种等很多个“简史”，但又没有脱离航天育种这个总的范畴，目的就是在一定程度上回答更多的好奇、解读更多的问题、引发更多的关注、消除更多的疑惑。

当然，我也清楚地知道，自己依然是航天育种科技领域的一名“新兵”，西安航天基地航天育种科技产业示范园也依然是航天育种产业领域的一株“小草”。我们的规模、层次、能力、水平，都还存在着较为明显的差距，我们眼前的道路还很长，特别是需要学习的新知识、新理论、新技术，需要解决的技术难题都还很多。所以，对我们来说，今后更重要的是学习实践、磨砺提高，是埋头苦干、拼搏进取。

这本《航天育种简史》，只是一次肤浅尝试和自我激励。我的本意，是想通过通俗科普宣传这样的途径，实现作为一名作物遗传育种专业工作者，向大众普及一点本专业领域科学常识的朴素愿望。至于能否得到读者的接受、认同和理解，还需要时间来检验和回答。由于自己的知识水平有限，书中的缺点、错误在所难免，恳请广大读者给予批评指正，在此深表感谢！如果这本科普读物能够在扩大航天育种产业影响力、推广航天育种科普知识上发挥哪怕一点点作用，同时又能得到大家的肯定与鼓励，我将不胜荣幸。

衷心感谢所有关心、支持航天育种事业的人！

郭锐

2016 年 11 月 18 日

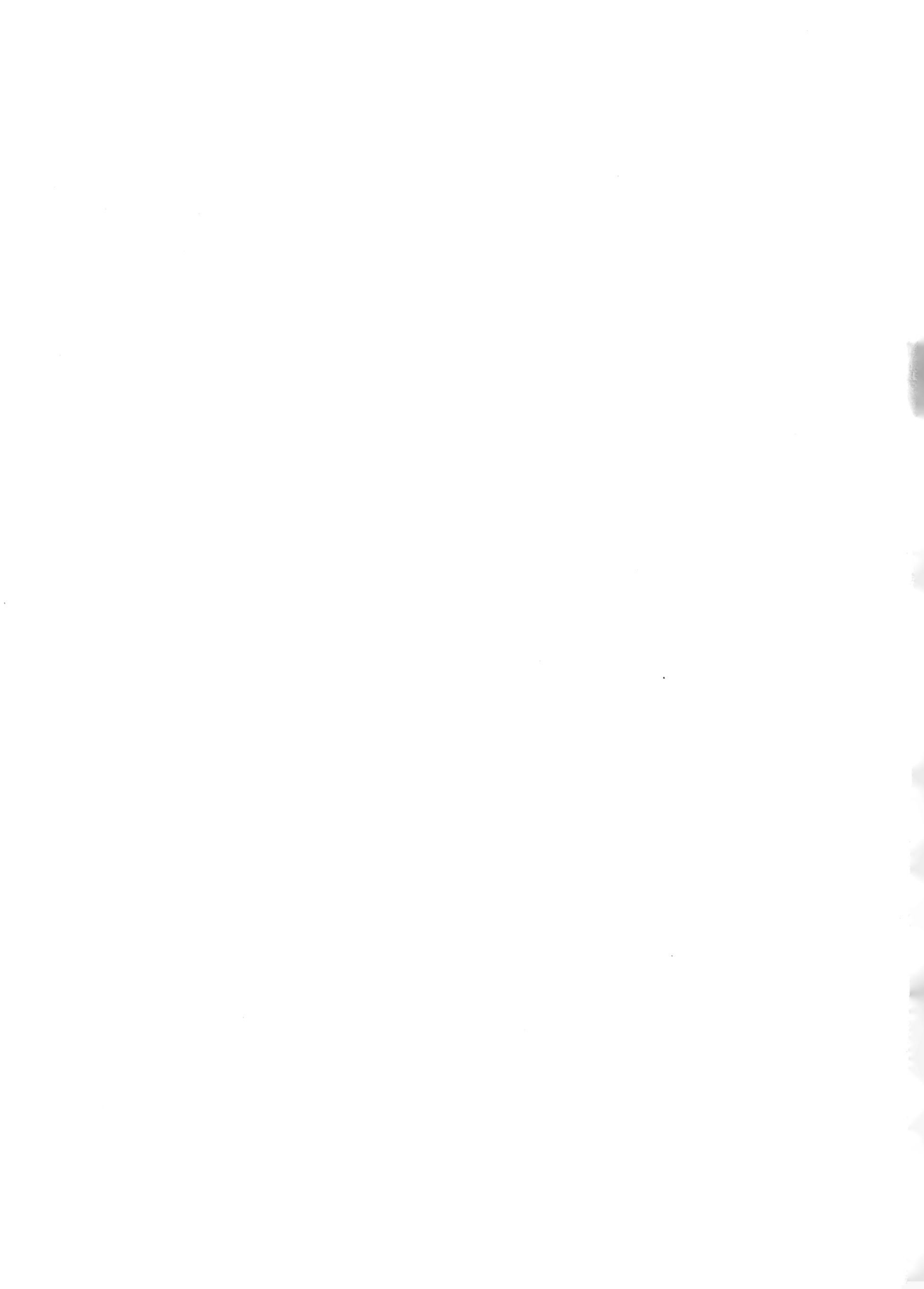